# 基于BIM的模拟分析技术在建筑工程中的应用

石韵　著

中国石化出版社

## 内容提要

本书以 Revit 软件为基础，系统地介绍了 BIM 技术在建筑工程领域的应用内容、方法及流程，并附有丰富的工程案例。同时，将 BIM 技术与健康监测技术相结合，初步探讨了 BIM 技术在健康监测阶段的应用特点及方法。书中实例均为作者主要负责的 BIM 咨询项目。

本书可供建筑工程人员作为操作手册，也可作为各大院校土木工程专业学生的参考用书。

**图书在版编目(CIP)数据**

基于 BIM 的模拟分析技术在建筑工程中的应用 / 石韵著 .—北京：中国石化出版社，2019. 12
ISBN 978-7-5114-3833-1

Ⅰ. ①基… Ⅱ. ①石… Ⅲ. ①建筑施工-应用软件究
Ⅳ. ①TU7-39

中国版本图书馆 CIP 数据核字（2019）第 263846 号



**中国石化出版社出版发行**
地址：北京市东城区安定门外大街 58 号
邮编：100011 电话：(010)57512500
发行部电话：(010)57512575
http://www.sinopec-press.com
E-mail:press@sinopec.com
北京艾普海德印刷有限公司印刷
全国各地新华书店经销

*

710×1000 毫米 16 开本 9.25 印张 160 千字
2019 年 12 月第 1 版 2019 年 12 月第 1 次印刷
定价：49.00 元

# 前言 Preface

近年来，BIM（Building Information Modeling，建筑信息模型）的应用在我国建筑业形成一股热潮，引领了我国传统建筑业向信息技术为导向的信息化建筑业快速转变。BIM 模型可以快速提供支撑项目管理所需的各项数据信息，使整个工程的质量和效率显著提高，从而降低成本、提升效益。

建筑设计与施工是一个高度动态的过程，建筑工程规模的不断扩大，使得项目管理变得复杂，而对于超高层工程项目来说更为复杂。如何在项目设计及建设过程中合理制定设计与施工计划、精确掌握进程，优化使用施工资源以及科学地进行场地布置，对整个工程的设计与施工进度、资源和质量进行统一管理和控制，以缩短工期、降低成本、提高质量，是建筑施工领域所亟待解决的问题。BIM 的出现给我们提供了很好的方法和途径，BIM 的模拟分析技术使得上述问题得到很好的解决。

随着 BIM 技术的快速发展，相关的政府部门、行业协会、行业专家也开始重视 BIM 对施工企业的价值。住建部在《2016-2020 年建筑业信息化发展纲要》中明确指出："十三五"时期，全面提高建筑业信息化水平，着力增强 BIM、大数据、智能化、移动通讯、云计算、物联网等信息技术集成应用能力，建筑业数字化、网络化、智能化取得突破性进展，初步建成一体化行业监管和服务平台，数据资源利用水平和信息服务能力明显提升。纲要的实施使 BIM 技术的发展得到了更广阔的发展。目前，BIM 技术已在建筑设计、施工、运维等方面得到了广泛的应用。

BIM 模拟分析技术在项目设计与施工中的应用，达到了 BIM 的应用目标，实现了整个项目的参数化、可视化，有效控制了风险，提高了建筑业信息化水平和整体质量。本书所涉及的试点项目涵盖各主要专业，规模和复杂性适中，可以让各个专业的工程师都有机会参与和熟悉 BIM 设计平台，同时也可以培养出“核心骨干”，为将来大规模地推广打下基础。

在项目设计与建设过程中，作者利用 BIM 模拟分析技术以三维的形式展现项目建筑物，实现了多专业协同设计、一模多用，模拟建筑物的施工过程，帮助工程技术人员熟悉施工内容，并对项目进行精细化的实时管理，从而达到控制建造成本、控制建造工期、提高建造质量、提高建造安全的项目目标。在施工方案阶段，利用 BIM 技术进行施工模拟，在虚拟环境中体验和分析建筑施工过程，排除可能的问题，包括管线碰撞问题、重大危险源(深基坑、脚手架)等的施工安全问题，对于复杂项目或者重要项目尤其重要。在施工过程中，利用 BIM 技术结合施工方案、施工模拟和现场视频监测，提高项目班组和项目经理之间的协同能力，大大减少建筑质量问题、安全问题，减少返工和整改。在项目竣工阶段，利用 BIM 进行可视化管理。所有图纸、设备清单、设备采购信息、施工期间的文档都可以与 BIM 数据库链接，直接利用三维模型进行文档的快速搜索、快速定位。同时通过设备信息可以查询到相应的设备三维位置。在信息技术平台的支持下，建设各方可进行信息的时时共享和交换，使工作效率大大提高。

在技术日益发展的现阶段，企业立足于企业自身长远发展，借助 BIM 技术支持提高整体的建设水平和管理水平。本书以在试点项目中 BIM 技术的应用为例，介绍在试点项目中 BIM 技术应用的组织机构、BIM 标准，以及 BIM 模拟分析技术在生产管理、技术管理、成本管理等各个具体应用点，最终将 BIM 的模拟分析技术上升到企业层面，形成企业级 BIM 技术管理体系，完成了 BIM 技术在企业规划阶段、经营投标阶段及工程施工阶段的应用标准化研究。

本书由西安石油大学优秀学术著作出版基金资助出版，是作者在进行了大量调研的基础上，收集、整理了诸多相关材料编写而成。内容丰富且浅显易懂，可供大家参考。

由于作者水平有限，加之时间仓促，书中难免有疏漏之处，恳请读者批评指正，期待将来更加完善。

# 目录
Contents

# 1 绪 论

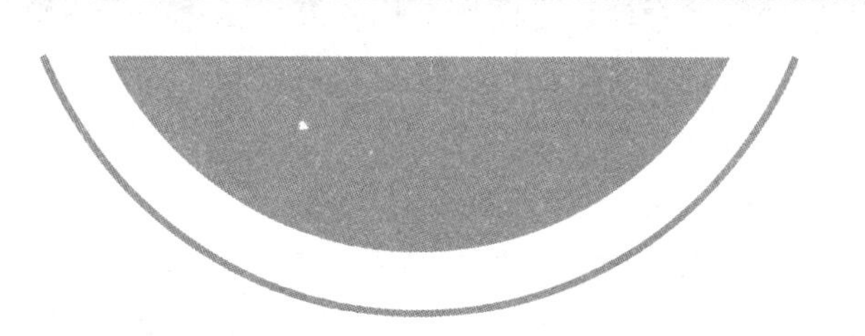

## 1.1 BIM 概述

### 1.1.1 BIM 的定义及核心理念

BIM(Building Information Modeling)即建筑信息模型，它是以三维数字技术为基础，集成建筑工程项目各种相关信息的工程基础数据模型，是对项目相关信息详尽的数字化表达。作为协同工作坚实的基础，BIM 技术可以帮助工程建设项目提高效率、降低风险，并且可以减少工程对环境的影响，实现绿色与可持续发展的目标，特别是在大型土建工程中，BIM 技术的应用更是决定工程建设效益的主要部分，对于工程建设的成本、进度、质量、生态环境等方面都有显著影响。BIM 技术的全面应用，将提高建筑工程的集成化程度，也为建筑业的发展带来效益，使设计乃至整个工程的质量和效率提高，成本降低，是引领建筑业信息技术走向更高层次的一种新技术。

我国建筑领域信息化发展过程中，由于缺乏统一的信息交换标准和信息集成机制，造成建筑生命期不同阶段和不同应用系统之间信息交换和共享困难，形成信息孤岛和信息断层，阻碍了信息技术在建筑领域的应用，从而影响建筑业的生产效率。而 BIM 技术的应用恰好能够解决这一核心问题。

BIM 技术的核心理念是，通过使用应用软件建立基于三维模型的建筑多维信息模型，实现工程建设多参与方、多专业在包含规划、设计、施工、运行维护等各阶段的工程全生命期中对模型信息的共享，并通过对模型信息进行高效处理，有效地支持业务过程及决策过程。BIM 技术核心理念的实现，不仅需要应用软件、应用标准的支撑，而且需要行业规程的变革，而这些都不可能一步到位。因此，BIM 技术的应用也处在发展变革之中。BIM 技术在借鉴其他行业信息技术的基础上，给信息技术在建筑业的发展提供了新的发展思路，为建筑全生命周期提供了准确且详实的知识资源和共享信息。

BIM 运用数字化的方式来表达建筑的物理特征和功能特征，从建筑物的诞生伊始就进行数据记录，对建设项目中不同专业和阶段的信息实现集成和共享，建立覆盖全生命周期的信息数据库，这样就可以对建设项目中不同阶段存在的问题协调化解决。BIM 模型中包括了很多的信息，如几何数据、空间位置、地质情况以及一些建筑元素的属性等，工程设计人员和施工技术人员在此基础上可以相互协调、共同工作，并且可以通过研究建筑的各种信息对当前的建筑情况做出正确的判断，更好的进行协同工作，主要有以下三个层次：

（1）多平台进行相应的分析协同，将信息进行共享，主要是通过建筑专业的计算软件连同相关计算分析软件，比如日照、光分析、噪声分析等。

（2）建筑各个专业之间共享与协同，主要是通过不同专业，比如建筑专业、结构专业、设备专业等进行数据与信息的协同操作，将这些信息联系到一起来实现整个框架的构建。

（3）建筑各项目在建筑的全程实现协同，首先从工程设计入手，将建筑工程造价、建筑工程管理、建筑工程电子政务等信息进行共享链接，打破孤立的信息源，进行各信息的综合分析与比较。

### 1.1.2 BIM 的特点

（1）可视化

可视化即“所见即所得”的形式，对于建筑行业来说，可视化的真正运用在建筑业的作用是非常大的，例如经常拿到的施工图纸，只是各个构件的信息在图纸上的二维表达，但是其真正的构造形式就需要建筑业参与人员去自行想象。对于一般简单的东西来说，这种想象也未尝不可，但是现在建筑业的建筑形式各异，建筑造型趋于个性化、复杂化，仅依靠人的空间想象去实现会力不从心。现在建筑业也有设计方面出效果图的事情，但是这种效果图是分包给专业的效果图制作团队进行识读设计制作出来的，并不是通过构件的信息自动生成，缺少与构件之间的互动性和反馈性。而 BIM 提供了很好的可视化思路，让人们将以往线条式的构件以一种三维的立体实物图形展示在人们的面前，是一种能够同构件之间形成互动性和反馈性的可视。在 BIM 建筑信息模型中，由于整个过程都是可视化的，所以，可视化的结果不仅可以用来效果图的展示及报表的生成，更重要的是，项目设计、建造、运营过程中的沟通、讨论、决策都可在可视化的状态下进行。

（2）协调性

协调性是建筑业各个单位相互配合的重要需求。一旦项目的实施过程中遇到了问题，就要将各有关人士组织起来开协调会，找各施工问题发生的原因及解决办法，然后作出变更、做相应补救措施等进行问题的解决。那么这个问题的协调真的就只能出现问题后再进行协调吗？在设计时，往往由于各专业设计师之间的沟通不到位，而出现各种专业之间的碰撞问题，例如暖通等专业中的管道在进行布置时，由于施工图纸是各自绘制在各自的施工图纸上的，真正施工过程中，可能出现在布置管线时与结构施工构件相碰撞的问题。BIM 的协调性服务就可以帮助处理这种问题，也就是说 BIM 建筑信息模型可在建筑物建造前期对各专业的碰撞问题进行协调，生成协调数据。当然 BIM 的协调作用也并不是只能解决各专业间的碰撞问题，它还可以解决电梯井布置与其他设计布置及净空要求之协调，防火分区与其他设计布置之协调，地下排水布置与其他设计布置之协调等问题。

（3）模拟性

模拟性并不是只能模拟设计出的建筑物模型，还可以模拟在真实世界中无法操作的事物。在设计阶段，BIM 技术可以对设计上需要进行模拟的一些东西进行模拟实验，例如：节能模拟、紧急疏散模拟、日照模拟、热能传导模拟等；在招投标和施工阶段可以进行 4D 模拟（3D 模型+时间），也就是根据施工的组织设计模拟实际施工，从而确定合理的施工方案来指导施工；同时还可以进行 5D 模拟（4D 模型+造价），来实现成本控制；运维阶段可以模拟日常紧急情况的处理方式，例如地震人员逃生模拟及消防人员疏散模拟等。

（4）优化性

事实上整个设计、施工、运营的过程就是一个不断优化的过程，当然优化和 BIM 也不存在实质性的必然联系，但在 BIM 的基础上可以做更好的优化。优化过程受信息、复杂程度和时间制约。没有准确的信息做不出合理的优化结果，BIM 模型提供了建筑物实际存在的信息，包括几何信息、物理信息、规则信息，还提供了建筑物变化以后的实际存在。现代建筑物的复杂程度大多超过参与人员本身的认知极限，BIM 及与其配套的各种优化工具提供了对复杂项目进行优化的可能。目前基于 BIM 的优化可以做以下工作：

① 项目方案优化。把项目设计和投资回报分析结合起来，设计变化对投资回报的影响可以实时计算出来；这样业主对设计方案的选择就不会主要停留在对形状的评价上，而更多的可以使得业主知道哪种项目设计方案更有利于自身的需求。

② 特殊项目的设计优化。例如裙楼、幕墙、屋顶、大空间到处可以看到异型设计，这些内容看起来占整个建筑的比例不大，但是占投资和工作量的比例和前者相比却往往要大得多，而且通常也是施工难度比较大和施工问题比较多的地方，对这些内容的设计施工方案进行优化，可以带来显著的工期和造价改进。

（5）可出图性

BIM 并不是为了绘制普通的二维建筑设计图纸及一些构件加工的图纸，而是通过对建筑物进行可视化展示、协调、模拟、优化以后，可以实现以下图形绘制：①综合管线图（经过碰撞检查和设计修改，消除了相应错误以后）；②综合结构留洞图（预埋套管图）；③碰撞检查侦错报告和建议改进方案。

### 1.1.3 BIM 技术企业应用价值

随着理论研究的深入和我国政府的大力推动，BIM 技术在实际工程中的应用价值开始凸显，我国多个项目也开始尝试使用 BIM 技术解决实际问题。行业普遍认为，BIM 技术在未来的全面普及和深入应用将为工程项目从规划、设计、施工到运维、拆除带来巨大影响和价值。

2012 年，住建部主持的《勘察设计和施工 BIM 技术发展对策研究》课题分别总结归纳了设计阶段和施工阶段数十项内容。

(1) 勘察设计阶段

在设计阶段，以三维设计模型为基础，实现了图纸和构件的模块化(图元)和可视化，信息化提供的工具更侧重于结构和建筑性能分析方面，具体包括能耗分析、结构分析、光照分析等。同时，一些设计单位也考虑采用信息系统平台对设计过程进行管理。勘察设计阶段具体应用价值见表 1.1.1。

**表 1.1.1 勘察设计阶段 BIM 应用价值分析**

| BIM 应用内容 | BIM 应用价值分析 |
| --- | --- |
| 设计方案论证 | 设计方案比选和优化，提出性能、品质最优方案 |
| 设计建模 | ①三维模型展示和漫游体验，很直观；<br>②建筑、结构、机电各专业协同建模；<br>③参数化建模技术实现一处修改，相关联内容智能变更；<br>④避免错、漏、碰、缺问题发生 |
| 能耗分析 | ①通过 IFC 或 gbxml 格式输出能耗分析模型；<br>②对建筑能耗进行计算、评估，进而开展能耗性能优化；<br>③能耗分析结果存储在 BIM 模型或信息管理平台，便于后续应用 |
| 结构分析 | ①通过 IFC 或 Structure Model Center 输出结构计算模型；<br>②开展抗震、抗风、抗火等结构性能设计；<br>③结构计算结果存储在 BIM 模型或信息管理平台，便于后续应用 |
| 光照分析 | ①建筑、小区日照性能分析；<br>②室内光源、采光、景观可视度分析 |
| 设备分析 | ①管道、通风、负荷等机电设计中的计算分析模型输出；<br>②冷、热负荷计算分析；<br>③舒适度模拟；<br>④气流组织模拟 |
| 绿色评估 | ①通过 IFC 或 gbxml 格式输出绿色评估模型；<br>②建筑绿色性能分析 |

续表

| BIM 应用内容 | BIM 应用价值分析 |
| --- | --- |
| 工程量统计 | ①BIM 模型输出各专业工程量统计；<br>②输出工程量统计，与概预算专业软件集成计算 |
| 其他性能分析 | ①建筑表面参数化设计；<br>②建筑曲面幕墙参数化设计 |
| 管线综合 | 各专业间管线碰撞检查 |
| 规范验证 | BIM 模型与规范、经验相结合，实现智能化设计，减少错误，提高设计便利性和效率 |
| 设计文件编制 | 从 BIM 模型中生成二维图纸、计算书、统计表单、特别是详图和表格，可以提高出图效率 |

（2）施工阶段

在施工阶段，信息化提供的工具可以从管理和生产方面分别考虑。

对施工单位来说，因为包含了工期和造价等信息，BIM 模型从三维拓展到五维，能够同步提供施工所需的信息，如进度成本、清单，施工方能够在此基础上对成本做出预测，并合理控制成本。同时，BIM 还便于施工方进行施工过程分析，如构件的加工和安装。基于 BIM 技术的四维施工模拟，不仅可以直观地体现施工的界面、顺序，使总承包与各专业施工之间的施工协调变得清晰明了，而且将四维施工模拟与施工组织方案相结合，使设备材料进场、劳动力配置、机械排班等等各项工作的安排变得最为有效、经济。在项目管理中 BIM 的作用主要体现在以下两个方面：①冲突识别，如识别管线、设备、构件之间的碰撞，是否满足净高要求等；②建立可视化的模拟环境，更可靠地判断现场条件，为编制进度计划、施工顺序、场地布置、物流人员安排等提供依据。

目前流行的项目管理软件 P3 单纯依靠图表和文字对项目进行描述，缺乏一个直观形象的载体。BIM 恰恰弥补了这个缺陷，不但为项目管理者提供了一个实体参考，输出的结果也更加直观具体；BIM 模型能够自动生成材料和设备明细表，为工程量计算、造价、预算和决算提供了有利的依据。以往工程量计算都是基于二维图纸，或使用鲁班和广联达等软件重新建模计算，与原有的设计模型难免产生偏差，耗时费力，结果也不准确。现在，借助 BIM 技术，造价人员直接使用原有的设计模型，提高了效率，准确性也大大提高；最后，BIM 提供三维效果图、动画和漫游等功能，使非技术人员可以看到可视化的最终产品。

由此不难看出，BIM 对建设工程项目的影响是全过程、全方位的。BIM 模型与项目管理所需的模型可能存在差别，但是项目工程师可以基于这些模型，借助

P3 等项目管理工具，对项目进行进度控制、质量控制和资源管理。

另外，项目工程师还可以在 BIM 模型的基础上开发适用于项目管理的模型，比如，使用 Navisworks 建立适用于施工的 BIM 模型，也可以较好地服务于项目管理。可以这样说，基于 BIM 技术的建筑信息模型在全过程的工程项目管理中将处于核心和支配地位。施工阶段具体应用价值见表 1. 1. 2。

**表 1. 1. 2　施工阶段 BIM 应用价值分析**

| BIM 应用内容 | BIM 应用价值分析 |
| --- | --- |
| 施工投标应用 | (1)3D 施工工况展示；<br>(2)4D 虚拟建造 |
| 施工管理和工艺改进的单项应用 | (1)设计图纸会审和深化设计；<br>(2)4D 虚拟建造，工程可建性模拟；<br>(3)基于 BIM 的可视化技术讨论和简单协同；<br>(4)施工方案论证、优化、展示以及技术交底；<br>(5)工程量自动计算；<br>(6)消除现场施工过程干扰或施工工艺冲突；<br>(7)施工现场科学布置和管理；<br>(8)有助于构配件预制生产、加工及安装 |
| 项目、企业行业管理集成与提升的综合应用 | (1)4D 计划管理和进度监控；<br>(2)施工方案验证和优化；<br>(3)施工资源管理和协调；<br>(4)施工预算和成本核算；<br>(5)质量安全管理；<br>(6)绿色施工管理；<br>(7)总承包、分包管理协同工作平台；<br>(8)施工企业服务功能和质量的拓展、提升 |
| 基于模型的工程档案数值化和项目运维的 BIM 应用 | (1)施工资料数字化管理；<br>(2)工程数字化交付、验收和竣工资料数字化归档；<br>(3)业主项目运维服务 |

但限于目前 BIM 软件成熟度不够、外国产品与中国规范衔接度不足、行业从业人员对 BIM 应用水平不高等限制因素，表 1. 1. 1 及表 1. 1. 2 所示的 BIM 潜在价值并不等于今天就能实现的效益。例如，在施工管理方面，我国施工阶段信息化的发展还处于初级阶段。尽管施工阶段信息化于 20 世纪 90 年代已经开始，但是绝大多数企业还处于控制阶段，相当数量的施工企业甚至还停留在初始阶段，达到数据管理阶段的企业微乎甚微。又例如在勘察设计阶段，由于 BIM 软件与我国

大部分主流结构分析软件接口问题，很多设计院无法使用 BIM 技术进行结构分析。这些问题都需要设计院、施工单位、高校研究人员及政府的大力配合及推动。才能在未来全面实现 BIM 技术在我国的发展。现阶段各企业也应该根据自身实际和项目具体情况制定出适用于该企业的 BIM 实施方案和计划。

## 1.2 国内外研究现状

在建筑工程领域应用 BIM 技术，需要跨学科跨专业的学者(包括多媒体计算机领域、建筑领域、工程管理领域)实现沟通和交流、互补和结合，才能使该技术的发展与复杂工程应用的实际需求相结合，从而形成互相推动的良性循环。现如今，国内外科研人员对 BIM 技术的研究工作主要从以下三方面展开：

(1) 通过制定统一的 BIM 数据标准，不断优化标准化的工作流程，使建立在不同技术平台上的软件达到协同化工作目的；

(2) 以人为中心对软件不断改进或二次开发，使之成为适合工程师使用的多维度(空间、时间、成本)信息处理软件；

(3) 为使之能够更全面反映土木工程的设计、施工、管理等典型环节的各种活动及变化规律，研发基于 BIM 的建设项目协同管理方法，从而能够帮助人们高效完成房屋建造等一系列工作。

各领域学者通过标准制定、软件开发、协同管理这三方面研究工作推动了中国 BIM 技术发展。受到 BIM 研究工作的影响及中国政府的大力推动，国内众多大型项目也将 BIM 技术深入应用到工程实践中，并已取得良好效果。

### 1.2.1 BIM 标准研究进展

我国 BIM 标准化研究的发展大体分为三个阶段，每一阶段的历程各具特点。

(1) 基础性研究阶段

BIM 在我国起步较晚，21 世纪初期 BIM 技术带来的优越性使学者开始关注 BIM 技术，我国针对 BIM 标准化进行了基础类研究工作。此时 BIM 基础性标准的三个方面内容：IFC(Industry Foundation Classes)标准、IFD(International Framework for Dictionaries)标准和 IDM(Information Delivery Manual)标准在国际上已经日趋成熟。美国建筑智能化协会于 2007 年颁布了基于 IFC 标准的《美国 BIM 国家标准 NBIMS(第一版)》，2012 年，在第一版基础上又发布了 NBIMS-US 第二版，标志着美国标准从准备级别提高到应用级别，北美、欧洲、韩国及许多英联邦国家基本都采纳了 NBIMS-US。

我国基于IFC信息模型的开发工作才刚刚起步，2007年，中国建筑标准设计研究院提出《建筑对象数字化定义》(JG/T 198—2007)标准，该标准参照了国际IFC标准，是一个计算机可以处理的建筑数据表示和交换标准，由资源层、核心层、共享层和领域层4个层次构建，目的是促成土木工程学科不同软件之间基层数据源的共享。2008年，中国建筑科学研究院等单位提出《工业基础类平台规范》(GB/T 25507—2010)，在内容上等同采用国际IFC标准《建设和设备管理行业的数据共享用工业基础类(IFC)》(ISO 16739—2013)，仅根据我国国家标准的制定要求，在编写格式上作了一些改动，是BIM技术最基础的数据标准之一。

2010年，清华大学软件学院BIM课题组在已有研究基础上，展开了基于IFC格式的BIM及其数据集成平台研究工作，参考《美国BIM国家标准(第一版)》NBIMS，提出了中国建筑信息模型标准框架(CBIMS)，框架的技术规范涵盖了IFC、IFD、IDM三方面BIM基础标准内容，包括了标准规范、使用指南和标准资源三大部分。其内容是一个开放的综合体系，它将是BIM全面推广的重要基础研究。

(2) 地方标准研究阶段

随着基础研究工作的深入，部分大型设计院及施工企业开始尝试使用BIM技术解决工程项目中的实际问题，最先使用BIM技术优化项目管理信息的项目可以追溯到2008年北京奥运会场馆——鸟巢。到2010年5月，上海建工集团上海中心工程全面启用BIM技术，由业主牵头，实现了设计、施工和运营全过程的应用，该项目是国内应用BIM技术的一个标杆项目。

随着BIM的大量普及，政府项目纷纷开始尝试使用BIM技术，继而凸显出来的问题是，我国现阶段的标准无法明确BIM各参与方的责任，传统的项目管理模式下无法运用BIM技术，这时，企业标准及地方标准的诞生起到了承前启后的作用。

中国建筑设计研究院、上海建工集团等一些大型设计单位及施工单位纷纷成立BIM团队，编制企业级BIM标准和指南。各省市也陆续发布各项指导意见和实施方法，北京市地方标准《民用建筑信息模型设计标准》(DB11/T 1069—2014)从资源要求、BIM模型深度要求、交付要求等方面描述了北京民用建筑设计中BIM应用的通用原则，《上海市建筑信息模型技术应用指南(2015版)》从初步设计阶段、施工图设计阶段、施工准备阶段、施工实施阶段、运营阶段详细描述了各专业BIM工程师职责及任务。其他省市包括陕西省、四川省、广东省、辽宁省、山东省等也相继将编制BIM地方标准提上日程。这些地方标准是各地建筑领域、各单位应用BIM技术的实施基础和重要依据，这也为BIM技术的进一步推广使用提供了理论支撑。

(3) 国家标准研究阶段

经历多年的概念宣讲与摸索实践，BIM 在国内已经呈现风生水起的发展势头，但诸多 BIM 软件相互之间存在难以兼容和无法协同的问题，这是制约 BIM 在我国健康发展的瓶颈。现阶段，加速制定国家标准，形成完善的体制、规范和标准，明确 BIM 项目管理模式是当务之急。BIM 国家标准的制定将成为行业发展的准绳，2012 年建设部正式启动了 BIM 国家标准的编制工作，包括《建筑工程设计信息模型交付标准》(IDM)、《建筑工程设计信息模型分类和编码标准》(IFD)、《建筑工程信息模型存储标准》(IFC)和《建筑工程信息模型应用统一标准》，主要从模型体系、数据互用、模型应用等方面对 BIM 模型应用做了相关的统一规定。国家标准的版布，将标志着 BIM 技术实现从无序到有序的发展。

## 1.2.2 BIM 软件研究进展

### 1.2.2.1 BIM 设计软件

BIM 概念被提及之初，计算机软件及硬件水平有限，BIM 并没有被得到广泛应用。90 年代后期，多媒体计算机与工程软件发展迅速，在软硬件支持下，才能更好的发挥工程师与计算机的互补性。2002 年，Autodesk 公司提出 BIM 并推出 Revit 等系列产品，在现实的工程设计、施工中，工程师花费了大量的物力、财力和人力，Revit 带来的虚拟现实和信息化技术为我们提前建立了工程的多维信息感知模型，标志着 BIM 从一种概念思想变为可真正指导工程师施工的有力工具。BIM 技术的可视化、协调性、模拟性、优化性、可出图性均需要依靠软件实现，因此 BIM 技术的核心是 BIM 应用软件的不断开发与完善，工程师和学者对此均表现出巨大创造力。

目前，国际上 BIM 三大主流软件包括美国 Autodesk 公司的 Revit 系列软件、匈牙利 Graphisoft 公司的 Archi CAD 软件和美国 Bentley 公司的 Bentley 系列软件。这些软件均依托于 IFC 标准，用户可导入或导出标准格式的数据，完成数据交互，软件平台根据专业需求又分为建筑、结构、设备等多个系列，以满足不同专业领域需求。

其中 Revit 系列软件因其兼容性良好，在国内应用最为广泛。而国内软件公司也开始研发更适用于中国现状的 BIM 软件，包括鲁班软件公司研发的鲁班 BIM、广联达 BIM 等。

在 BIM 与其他结构分析软件接口研发方面，中国建筑科学研究院承担了建筑业信息化关键技术研究与示范项目“基于 IFC 标准的集成化建筑设计支撑平台研究”，开发完成 PKPM 软件的 IFC 接口，上海交通大学邓雪原等开发完成 Etabs 及 SAP 2000 软件的 IFC 接口。这些研究实现了国内主流结构设计软件和 IFC 文件的模型转换。

### 1.2.2.2 BIM 管理平台软件

现代工程从设计到施工的一个基本特征是群体化和协同化，工程中海量数据资源的获取和处理是人们关心的重要问题。一项工程项目，从规划到运营的全寿命周期阶段存在不同类型的工程数据，因此，工程师对 BIM 技术带来的协同设计环境研究表现出极大热情，人们考虑将 BIM 技术与信息管理平台结合，才能有效实现信息管理与应用。

针对这一目标，在 BIM 设计软件基础上，各国学者积极开发基于 BIM 技术的建筑信息协同平台，从个人岗位级应用，到项目级应用及企业级应用，形成了一套完整的基于 BIM 技术的软件系统和解决方案，用以实现建筑信息模型数据库上下游之间的开放与共享。

英国索尔福德大学的研究人员完成开发了基于 BIM 技术的 Web-based IFC Share Project Environment 平台，该平台架构由功能模块层、模型层和数据层三个部分构成，平台搭建依托于 IFC(工业基础类)标准。得出：

① WISPE 平台支持 CAD 设计、可视化、评估、规划和供应商信息录入；

② WISPE 平台通过 IFC 数据库实现了项目各参与方信息的交换与共享；

③ 通过网络实现了远程交互以及访问和应用程序的分布，提供了很大的灵活性和可移植性，从而实现项目各方的执行和管理。

加拿大基础设施研究中心(Centre for Sustainable Infrastructure Research)的研究人员完成了基于 BIM 技术的建筑集成开发平台的研究。旨在促进模块化和分布式集成项目系统的发展，从而实现整个项目生命周期内多部门的信息共享与交互。得出：

① 提出了一个多层的基于组件的框架，该框架定义了一个三层体系结构，包含应用层、公共领域服务层和项目数据仓库层；

② 实现了图形编辑、构件数量统计、工程概预算和工程管理等功能；

③ 在一个典型的建筑项目上对该框架原型进行了示范和应用，证明了该系统的可行性。

上海交通大学李犁等开发了基于 IFC 标准的 BIM 数据库，详细阐述了 BIM 数据库的构建，以及 BIM 数据库输入输出应用接口、基于 BIM 数据库简单工程概算功能的开发、结构模型转换功能至数据库的移植等。得出：

① 通过研究基于 IFC 标准的 BIM 数据库构建、多个项目模型的输入、输出、

查询、简单工程概算等功能的初步开发，实现了结构模型转换功能到BIM数据库的移植；

② 在理论上保证了多个工程的多个IFC文件的建筑信息模型可以按照IFC标准正确、完整地存储在BIM数据库中；

③ 通过实例演示了BIM数据库的存储、查询、工程概算、结构模型转换等功能的应用，验证了构建基于IFC标准BIM数据库的可靠性与应用开发的可行性。

中国矿业大学刘晴等提出了基于BIM的建设项目生命周期信息管理思路，建立了相应的建设信息集成平台BLMP，BLMP旨在实现建设项目全生命期的信息集成、存储和管理。得出：

① 利用BIM技术和BLM思想，建立了建设项目生命周期信息管理平台BLMP；

② 详细介绍了该平台的设计与实现过程，包括设计原则、总体架构、功能结构模型和网络体系结构模型。

南京林业大学李明瑞等针对我国建筑工程项目现状，基于BIM技术，结合工程项目的过程管理、多要素管理、参与方管理以及知识管理，构建在分布式网络环境下以数据层、信息模型层和功能应用层为核心的信息集成管理的概念模型。并依据平台管理和信息集成管理两大模块，进行BIM信息集成管理系统平台的功能设计。得出：

① 通过知识库和网络协作平台实现了建设项目全寿命期的信息获取、存储、使用、共享、交流和循环，提高了信息的利用效率；

② 完善了基于BIM的建筑信息集成管理系统的概念模型。

南昌航空大学王婷等在对系统需求进行分析的基础上，借助BIM技术、Web 3D、数据库管理等技术，提出包含数据服务层、功能平台层和可扩展应用层的平台架构，研发了基于BIM的施工资料管理系统。得出：

① 实现了基于Web功能的BIM模型与施工资料的交互管理；

② 通过提供不同用户权限，随时随地通过网络查看施工模型以及查询相关施工信息，为多参与方协同化资料管理系统提供可行的参考；

③ 将施工过程的成本、进度管理工作等充分利用该信息网络平台，打通项目全过程管理，实现信息上下游的交互和共享。

中国建筑科学研究院和清华大学研究组承担了国家科技攻关计划课题“基于国际标准IFC的建筑设计及施工管理系统研究”，已开发完成基于IFC的BIM数据库和BIM数据集成平台。清华大学张建平等针对BIM的需求和特点，提出了跨平台的多参与方协同4D施工管理技术，针对上海国际金融中心项目开发了基于BIM技术的4D建设管理系统和基于BIM技术的综合管理系统，将该系统应用于实际工程中。得出：

① 通过创建和管理项目各阶段各专业的BIM模型，实现了项目从设计到施工的全方位BIM应用；

② 通过跨平台的协同4D施工管理，可有效地辅助建设方和施工承包方收集管理施工中产生的数据，方便将实时施工数据与BIM模型相集成；

③ 结合4D技术实现工程的动态、集成和可视化的施工管理和工程模拟；

④ 为建设方主导的BIM应用提供了方法、技术、系统和应用示范，可明显提高工程建设的管理水平和效率。

广联达充分利用云计算和移动应用、物联网等先进技术，实现智慧建造过程，使建设项目效益最大化，最终实现智慧建筑，即智慧建造信息化应用架构4MC，智慧建造信息化架构主要包括平台层、应用层、终端层三个层次。主要研究成果如下：

① 形成4MC-PM项目全生命周期管理理论；

② 实现4MC-BIM建筑信息模型，以协同为方向，实现项目各阶段、不同专业、不同软件之间的数据交换、集成与共享；

③ 以4MC-DM进行数据管理，借助云平台实现建筑建造过程更加便捷、集约、灵活和高效。

### 1.2.3 基于BIM技术的项目管理方法研究进展

#### 1.2.3.1 BLM项目管理方法

BIM作为数据化工具被应用，是实现建筑业信息化的基础手段，该技术的广泛应用，将影响到现有项目管理模式的改变，此时，学者提出BLM的概念，BLM(Building Lifecycle Management)即建设工程生命周期信息管理，指贯穿于建筑全过程，用数字化的方法创建、管理、共享所建造的资本资产信息。它包括了三个维度：

第一维度：贯穿于项目的整个发展阶段，例如设计、施工、使用、维护、拆除；

第二维度：涵盖了项目所有参与方，例如设计方、建设方、施工总包、施工分包、监理方；

第三维度：包括了参与方一切信息操作行为，例如增加、修改、提取、交换、共享等。

该项目管理模式的采用，将项目的对立方变为协作方，各参与方的目标与项目总体目标达成一致，实现了BIM在运用时形成共同的协助管理模式，保证了BIM技术在各阶段产生最大的经济效益。适应了现代科学和市场经济需要，成为建筑企业在竞争中获胜的关键。

国内许多高校先后建立BIM/BLM试验室，开发并研究基于BIM技术的管理方法。2005年，华南理工大学与Autodesk联合创办了建筑物生命周期管理BLM-BIM实验室，意在将BLM/BIM技术理念运用到了施工全过程管理中。同济大学陈念等开发完成基于BLM的地产项目信息协同系统，随后，华南理工大学、清华大学、同济大学和哈尔滨工业大学共同编撰了国内第一本介绍建筑物生命周期管理及BIM理论与实践的著作《建设工程信息化BLM理论与实践丛书》。

#### 1.2.3.2 IPD项目管理方法

无独有偶，美国曾提出业主的领导力、集成项目交付(IPD)、公开信息共享和虚拟建筑信息模型(BIM)是解决建筑业浪费问题，实现建造过程集约化的重要手段。

IPD是以信息整合为基础，是信息技术、协同技术与业务流程创新相互融合所产生的新的项目组织及管理模式。BIM模型、协同工作流、基于价值的群决策机制是IPD模式能够实现高度协同的重要基础支撑，美国建筑师协会AIA率先对IPD进行准确定义并发布了IPD标准合同。国际上对于建筑信息模型(BIM)和集成项目交付(IPD)在促进建筑工程多参与方协同工作、提高建设投资效益方面的作用的关注与日俱增。

基于BIM技术的集成项目管理方法(IPD)被越来越多的学者研究。建筑工程中IPD和BIM技术是相辅相成的关系。IPD是最大化BIM价值的项目管理实施模式，而BIM则是支持IPD成功高效实施的技术手段。通过二者有机结合实现了基于项目共同价值的管理及决策，2010年AIA发布了IPD成功案例，美国卡斯特罗谷的萨特医疗中心的建造过程中工程师尝试在BIM基础上采用IPD管理方法，取得了良好效果，得到广泛关注。

2011年，清华大学马智亮申请了国家自然科学基金项目“基于BIM技术的建筑工程IPD网络平台研究”，旨在研制一个基于BIM技术的建筑工程IPD网络平台，通过集成协同工作网络平台技术、视频会议系统技术和BIM应用工具三大技术，不仅可以支持大型公共建筑工程的多参与方基于IPD模式高效地协同工作，还可以推动IPD模式在我国的应用，提高大型公共工程的投资效益。2011年哈尔滨工业大学徐辐玺依托国家自然科学基金项目“基于BIM的建设项目成本和进度风险分析理论与方法研究”，对基于BIM的建设项目IPD协同管理方法进行了研究，提出了以建筑信息模型为核心的建设项目综合项目交付管理模式，并构建了建设项目 IPD 协同管理框架，为进一步研究建设项目 IPD 协同管理提供了新方法。

#### 1.2.3.3 云计算与 BIM 的结合应用

云计算的最基本优势就是整合 CPU 能力，BIM 软件模块的快速发展使工程界对电脑硬件水平提出更高要求，硬件的高要求在一定程度上限制了 BIM 技术在项目层面的应用和推广。

通过云计算可大幅度提高工作效率，解决海量运算问题，实现随时随地跨地区、跨公司协同工作模式，同时能够降低 IT 基础设施建设费用。在美国和加拿大等发达国家，已经开始尝试将云计算运用到 BIM 技术中，并已取得经济效益。而国内的云计算 BIM 模型研究还处于初期，建研科技股份有限公司依托国家 863 课题"基于建筑信息模型的三维建筑工程设计软件开发和应用"对 BIM 的云计算已展开研究。预计在不久的将来，云计算即将和 BIM 技术融合发展，让多媒体计算机辅助技术为工程建设提供更完备的支持。

近年来，随着项目投资规模庞大、系统构成复杂、利益相关方多、实施风险大等特点，其管理面临着更加突出的"信息孤岛"问题，即大量信息自成体系、相互孤立，信息断层和失真，无法实现信息共享。随着 BIM 技术及信息与通讯技术的不断发展，我国建筑业与信息化的融合势头强劲，信息化技术的充分利用逐渐成为提高大型项目群建设效率、降低投资成本的重要趋势和关键手段。

从企业层面来讲，各企业内部尚未形成完善的 BIM 标准体系，缺少具有自主知识产权的 BIM 软件支撑，现阶段 BIM 的应用仍然大多集中于单个 BIM 任务实现的效益，例如设计协调、管线综合、碰撞检查、施工模拟等，和 BIM 任务间的集成效益有着本质差异，作为大型建筑集团企业，BIM 应用集成才能真正提升企业竞争力。深层次挖掘信息的潜力和价值，是目前信息技术发展总的趋势，研究建筑信息模型技术以及基于 BIM 技术的多专业协同设计对建筑系统整体的设计、施工和运营具有重要的实际意义。

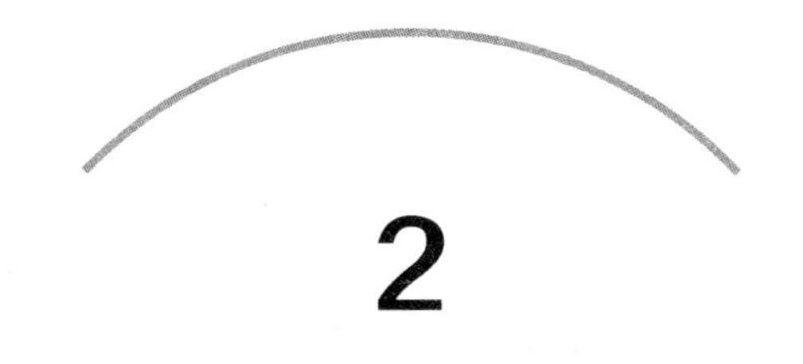

# 2 BIM应用基础环境

## 2.1 基础环境架构

BIM应用基础环境总体架构思路为：在个人计算机运行BIM软件，建立建筑信息模型及任务信息模型，并完成建筑信息模型应用工作，通过网络，将BIM模型存储在企业数据服务器中，实现各方数据共享与协同工作。

## 2.2 软件配置要求

（1）BIM模型整合平台优先选用Autodesk公司的NavisWorks软件，所有专业分包提供的模型格式必须能够被NavisWorks正确读取。

（2）建模软件首推使用Autodesk Revit 2014版系列软件，包括：Revit Architecture，Revit Structure，Revit MEP。

输出文件格式均为*.rvt或*.nwc。

（3）各专业BIM应用软件可在原有专业应用软件基础上进行功能扩展，建立适应任务需求的任务信息模型，结合BIM软件功能、本地化程度及市场占有率、数据交换能力等选择相应软件平台，该模型与推荐使用的Autodesk Navisworks模型互导请使用*.ifc格式，可能存在不兼容现象，请谨慎使用。

（4）根据设计及施工过程软件应用类型进行分类，常用的设计阶段及施工阶段BIM软件见表2.2.1及表2.2.2。

**表2.2.1 常用的设计阶段BIM软件**

| BIM软件类型 | 国际常用软件 | 国内常用软件 |
|---|---|---|
| 3D土建建模软件 | Revit Architecture/Structure，ArchiCAD，Sketchup，Bentley Architecture/Structure | 橄榄山快模、速博 |
| 3D机电建模软件 | Revit MEP | 鸿业、MagiCAD |
| 3D钢构建模软件 | Tekla Structure | 建研院、浙大、同济研制的空间结构软件 |
| 结构计算 | Midas，SAP2000 | PKPM、盈建科 |
| 建筑性能分析软件 | Ecotect Phoenics | |
| 族库管理 | | 易族库 |

**表 2.2.2 常用的施工阶段 BIM 软件**

| BIM 软件类型 | 国际常用软件 | 国内常用软件 |
| --- | --- | --- |
| 3D 土建建模软件 | Revit Architecture/Structure，ArchiCAD，Sketchup，Bentley Architecture/Structure | 橄榄山快模、速博 |
| 3D 机电建模软件 | Revit MEP | 鸿业、MagiCAD |
| 3D 钢构建模软件 | Tekla Structure | 建研院、浙大、同济研制的空间结构软件 |
| 3D 场地布置 | Civil 3D | PKPM 场地布置 |
| 模型综合、碰撞检查软件 | Navisworks | 无 |
| 算量软件 | QTO，DProfiler，Vico Takeoff Manager | 广联达 BIM5D<br>鲁班 BIM |
| 工程管理 | Navigator | 广联达 BIM5D |
| 幕墙设计 | Rhino | 呆猫幕墙插件 |
| 结构计算 | Midas，SAP2000 | PKPM、盈建科 |
| 土方计算 | | FastTFT |
| 脚手架设计 | | 品茗 |
| 族库管理 | | 易族库 |

其余未涉及的部分可根据项目需求进行软件二次开发，以上 BIM 软件，本文作者均进行适用测试或进行过调查，但由于作者能力限制，建议在试点项目中进行全面测试，使测试工作更加完整可靠。

## 2.3 硬件配置要求

（1）集中数据服务器配置要求见表 2.3.1。

**表 2.3.1 集中数据服务器配置**

| | | |
| --- | --- | --- |
| 基本参数 | 服务器级别 | 企业级 |
| | 服务器类型 | 机架式 |
| | 服务器结构 | 1U |
| 主要性能 | 标配 CPU 个数 | 1 颗 |
| | 最大 CPU 个数 | 2 颗 |
| | CPU 类型 | Intel Xeon E5506 |

续表

| | | |
|---|---|---|
| 处理器 | 标称主频 | 2.13GHz |
| | 二级缓存 | 4×256kB |
| | 三级缓存 | 4MB |
| | 总线规格 | 4.8GT/s |
| | 多核运算 | 四核四线程 |
| 内存 | 内存容量 | 2GB |
| 网络存储 | 网络控制器 | 2×千兆接口 |
| | 标配硬盘容量 | 1000GB |
| | 标配硬盘类型 | SATA，LFF，7200 转 |
| | 标配硬盘描述 | 2×500GB SATA |
| 电源 | 电源功率 | 400W |
| | 电源数量 | 1 |
| | 电源类型 | 标准电源 |

(2) 个人计算机配置要求见表 2.3.2。

**表 2.3.2　个人计算机配置要求**

| | | | |
|---|---|---|---|
| 处理器 | Intel Dual Core E5400 或以上 | 显示器 | 1280×1024 分辨率或以上 |
| 内存 | 2G 或以上 | 鼠标 | 标准三键+滚轮鼠标 |
| 显卡 | 独立显卡，512M 或以上 | 键盘 | PC 标准键盘 |
| 硬盘 | 250G 硬盘空间或以上 | 操作系统 | Windows 7 64 位稳定的操作系统 |
| 光驱 | 52 倍速 CD-ROM 或以上 | | |

## 2.4　BIM 模型精度分级

(1) BIM 应用过程中的模型精度应分为两大类：

① 几何信息精度；

② 非几何信息精度。

在每一类模型中，这两类精度须要分别单独定义。

(2) 几何信息精度应分为以下五类：

① LOD 100——等同于概念设计，此阶段的模型通常为表现建筑整体类型分析的建筑体量。

② LOD 200——等同于方案设计或扩初设计，此阶段的模型包含普遍性系统包括大致的数量，大小，形状，位置以及方向。

③ LOD 300——模型单元等同于传统施工图和深化施工图层次。此模型已经能很好地用于成本估算以及施工协调包括碰撞检查，施工进度计划以及可视化。

④ LOD 400——此阶段的模型被认为可以用于模型单元的加工和安装。此模型更多的被专门的承包商和制造商用于加工和制造项目的构件包括水电暖系统。

⑤ LOD 500——最终阶段的模型表现项目竣工的情形。模型将作为中心数据库整合到建筑运营和维护系统中去。

(3) 非几何信息的深度以非几何信息的多寡来评判，非几何信息类型越多则深度越深。非几何信息类型如下：

① 基本尺寸信息(geo-info)。作为模型上未显示或显示不清的尺寸的补充，或者同一个族应用于项目不同位置后在尺寸差异上的说明；本项信息只针对于几何信息精度 LOD 100 与 LOD 200。

② 产品专业信息(pro-info)。针对具体产品的专业信息，例如电机的工作电压、额定功率等。

③ 施工安排信息(con-info)。包括物件出厂时间、运抵工地时间、完成安装时间等信息。

④ 其他信息。

# 3

# 企业规划阶段应用

## 3.1 应用意义

设计单位及施工单位内各个部门大多独立运作，协同作业只发生在各阶段交接过程中，并且多采用的是抽象的二维图纸文档及表格，易导致信息沟通不畅，影响工作效率。而大型复杂结构工程，涉及的工序专业多，且工程量大，这使得各部门的联系越来越密切。

通过 BIM 技术的应用，企业能够实现对项目工程信息的集成管理。以 BIM 模型为基础，项目各参建方可以实现信息共享，实现文档、视频的提交、审核及使用，并通过网络协同进行工程协调，实现对多个参建方的协同管理。企业将体会到 BIM 带来的从经营投标到设计、施工、维护的一系列创新和变更带来的好处。

## 3.2 企业内部 BIM 人员管理

### 3.2.1 人员组成

企业应形成自有 BIM 人才梯队，进行合理人员配置，根据现有管理架构，建议设立集团 BIM 技术中心、下属企业或部门 BIM 技术中心及项目部(组)BIM 工作室的三级管理制度。具体见图 3.2.1。

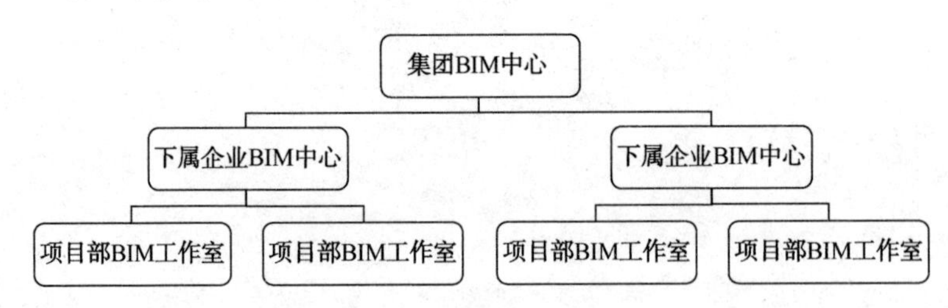


图 3.2.1 企业内部 BIM 人员组织图

集团 BIM 技术中心进行企业标准制定，族库建立和管理，负责企业 BIM 技术的推广和研发，对有培训需求的下属企业及项目部进行技术扶持。下属企业应根据自身实力和需求成立自有 BIM 中心，项目部(组)BIM 工作室人员主要从集团下属各建安企业自有 BIM 中心进行调配。

集团 BIM 中心团队组织职位构成应分为 BIM 中心(副)主任、技术主管、设计师、科研人员四类。具体职位建议见表 3.2.1。

表 3.2.1 集团 BIM 中心人员职责

| BIM 职位 | 职　　责 |
| --- | --- |
| BIM 中心(副)主任 | 协调团队、负责 BIM 中心管理工作，负责了解客户需求、进行资源的购买和配置(软件、硬件、人才引进、培训)，了解国内外 BIM 应用现状及应用价值 |
| 技术主管 | 管理 BIM 模型、负责从模型中提取数据、统计工程量，确定技术路线，研究 BIM 对企业的质量效益和经济效益。应对本专业 BIM 软件达到熟练掌握，保证所有 BIM 工作遵守国家 BIM 标准，制定企业级 BIM 实施规划、企业级 BIM 应用目标等 |
| 设计师 | 负责本专业的建模、模拟，应对本专业 BIM 软件达到熟练掌握，与设计院协调沟通、对有培训需求的项目部进行技术扶持和 BIM 技能培训 |
| 科研人员 | 开发和实施软件及集成系统，提供技术和数据处理服务，应对本专业 BIM 软件及二次开发技术达到熟练掌握，对国内外标准和数据格式等进行及时了解和掌握。能够为建立和维护标准提供技术支持 |

下属企业 BIM 中心团队组织职位构成应分为 BIM 中心主任、技术主管、设计师。具体职位建议见表 3.2.2。

表 3.2.2 下属企业 BIM 中心人员职责

| BIM 职位 | 职　　责 |
| --- | --- |
| BIM 中心主任 | 协调团队、负责 BIM 中心管理工作，负责与陕西建工集团 BIM 中心及时信息沟通，掌握 BIM 在施工企业应用价值和实施方法 |
| 技术主管 | 对本单位各项目部 BIM 模型进行管理和维护，应对本专业 BIM 软件达到熟练掌握，保证所有 BIM 工作遵守国家 BIM 标准 |
| 设计师 | 负责本专业的建模、模拟，应对本专业 BIM 软件达到熟练掌握，与设计院协调沟通，根据项目需求入驻项目部 BIM 中心 |

项目部(组)BIM 工作室团队管理负责人由项目总经理担任，技术人员应从各企业 BIM 中心团队选拔 3~5 人，跟随工程进度直接服务于具体工程项目，包括模型建立和模型应用，具体职位构成见 5.4 节，也可根据项目需求进行调整。

### 3.2.2 人员培训机制

中心成立前，企业应挑选合适人员进行培训，培训对象应分为技术人员和管理人员两类：

(1) 管理人员

管理将是提高 BIM 集成应用更重要的保证，管理人员主要应理解 BIM 的基础概念，认识 BIM 的重要性，掌握如何利用 BIM 技术指导施工。

(2) 技术人员

技术人员培训主要注重 BIM 技术应用，包括建模、施工模拟、工程量统计等。并学习 BIM 的实际项目操作，围绕主流软件进行学习，建议采用脱产学习方式，最终进行考核。

## 3.3 企业内部 BIM 模型资源管理

(1) 随着 BIM 技术的普及，BIM 模型资源规模的增长将极为迅速，BIM 模型资源库将成为企业信息资源的核心组成部分，BIM 模型资源管理核心工作包括：

① BIM 模型资源的信息分类及编码；

② BIM 模型资源管理系统建设。

(2) BIM 模型资源的信息分类及编码应当遵循信息分类编码的一些基本原则。在分类方法和分类项的设置上，应尽量与国家标准《建筑工程设计信息模型分类和编码标准》(征求意见稿)一致。

(3) BIM 模型资源管理上应做到以下四点：

① 规范 BIM 模型资源检查标准

主要是检查 BIM 模型及构件是否符合交付内容及细度要求，BIM 模型中所应包含的内容是否完整，关键几何尺寸及信息是否正确等方面的内容。

② 规范 BIM 模型资源入库及更新

对于任何 BIM 模型及构件的入库操作，都应经过仔细的审核方可进行。工程人员不能直接将 BIM 模型及构件导入到企业 BIM 资源库中。一般应对需要入库的模型及构件先在本专业内部进行校审，再提交 BIM 资源库管理员进行审查及规范化处理后，由 BIM 中心管理员完成入库操作。对于需要更新的 BIM 模型及构件，也应采用类似审核方式进行，或提出更新申请，由 BIM 资源库管理员进行更新。

③ 建立 BIM 模型资源入库激励制度

在企业资源库的应用过程中，特别是在资源库建设的初期，企业应考虑建立一定的激励制度，如：鼓励提供新的 BIM 模型及构件、鼓励无错误提交、鼓励在库中发现问题。这样才能提高工程人员的积极性，以达到企业 BIM 资源库的不断完善。

④ 规范 BIM 模型资源文件夹结构

在企业资源库的资源收集及应用过程中，应及时将通用数据(包含标准模板、构件族和项目手册等)及项目数据(包含××项目 BIM 模型、任务信息模型、输出文件等)集中保存在中央服务器中，并设置访问权限进行管理，便于新项目的调用。

## 3.4 企业级 BIM 实施方案

(1) 第一阶段(创建)

以标杆项目做试点，采用外包服务方式，建立企业内部 BIM 应用体系，同时培养内部 BIM 应用团队。在 BIM 实施初期，应合理选择试点项目和培训方式，积累经验，逐步推广。试点项目一般是已完成或心中有数的项目，可以集中精力学习软件，而不至于产生延误工期的风险。此项目应涵盖各主要专业，规模和复杂性适中，可以让各个专业的工程师都有机会参与和熟悉 BIM 设计平台，同时也可以培养出“核心骨干”为将来的大规模推广打下基础。

(2) 第二阶段(管理)

形成集团 BIM 中心-下属单位 BIM 中心-项目部 BIM 工作室总体管理方案，根据企业信息化实现的方式进行整体实施管理。先从项目部管理岗位和项目部来实施，形成以 BIM 为基础的基础数据自动获取，然后考虑企业整体应用以及与设计 BIM 的衔接。利用管理平台与 BIM 技术相结合，使混乱的信息交互变为有序而高效的交互方式。组建公司 BIM 中心，明确核心职能。

(3) 第三阶段(共享)

由集团 BIM 中心牵头，在公共库的基础上，建立企业 BIM 模型数据库，形成企业内部 BIM 资源管理系统，初步建立工业化构件库、机电设备族库、大型机械族库等，以设计图为依据，集成从设计到施工直至使用周期结束的全生命周期内所有工程信息。各种信息应能够在网络环境中保持即时刷新，且可在获得相关授权后进行访问、增加、变更、删除等操作，为单位内部消息交流、工作汇报以及决策层获取信息提供了便利。

## 3.5 BIM 实施计划

(1) 第一阶段：BIM 实施调研

**阶段目标**

① 建立 BIM 实施团队；

② 明确 BIM 实施目标；

③ 通过调研在基层和项目部普及 BIM 技术；

④ 了解和掌握公司总部和项目部 BIM 实施基础；

⑤ 了解后续与 BIM 相关的管理流程和体系。

**成果提交**

① BIM 实施调研报告；

② BIM 详细实施报告。

(2) 第二阶段：BIM 模型创建

**阶段目标**

① 根据施工图纸建立 BIM 各专业 BIM 模型；

② 进行 BIM 建模培训；

③ BIM 模型准确性核对；

④ 对各专业 BIM 模型进行碰撞检查；

⑤ BIM 模型分权限数据共享。

**成果提交**

① BIM 建模成果报告；

② BIM 碰撞报告。

(3) 第三阶段：BIM 模型维护、应用以及 BIM 中心内部体系建立

**阶段目标**

① 根据设计变更以及新图纸建立或调整 BIM 模型；

② BIM 模型在施工指导、材料管理、成本管理、碰撞检查等方面的应用指导；

③ BIM 技术岗位应用指导以及形成配套的制度保障；

④ BIM 应用流程确定；

⑤ BIM 团队培养；

⑥ 项目部、分公司、总部相关部门人员在 BIM 平台上协同共享，数据查询。

**成果提交**

① BIM 应用月进展报告；

② BIM 应用配套流程、管理制度；

③ BIM 应用岗位操作说明。

(4) 第四阶段：总部 BIM 系统部署、调试和试运行

**阶段目标**

① 协同工作系统在总部服务器进行部署；

② 各项目 BIM 模型及族汇总到集团 BIM 中心服务器；

③ 集团 BIM 中心进行 BIM 资源分类及编码；

④ 进行 BIM 资源管理，形成完善 BIM 资源入库制度；

⑤ 系统调试，试运行。

**成果提交**

① BIM 系统部署实施报告；

② BIM 系统验收报告。

# 4

# 经营投标阶段应用

## 4.1 应用意义

投标是企业承揽工程必经的一环，对许多企业而言，如何展示自己的技术实力与水平是非常重要的。而在投标阶段开始使用 BIM 对企业获得最大的 BIM 技术应用投入产出比也是十分必要的。

(1) 方案对比，获得更好的技术方案

方案对比是技术标中的重点，也是凸显企业实力和能力的重要部分。BIM 可以提供多种施工工序及初步设计阶段的对比方案，并且有良好的可操作性和可建性，如管路长度的优化、初步设计中日照分析等。如果投标中有哪些技术细节不清楚，也可以用 BIM 技术进行 3D 或 4D 甚至 5D 的模拟，根据模拟情况修改技术方案，提出技术措施，甚至是对业主的合理化建议。

通过 BIM 技术，提升了技术标的表现，可以更好的展现技术方案，同时让方案更加合理，提升企业解决技术问题的能力。

(2) 风险控制，获得更好的结算利润

避险趋利、扬长避短是企业投标的原则。技术上，通过 BIM 模型结合现场实际可以预先了解施工及设计难点和重点，采用风险转移或技术创新等方式积极应对，对于施工来说，还可编制具有针对性、可靠性好的施工组织设计，为技术标评审争取技术分。经济上，成本核算是投标工作的重点，传统工作方式大多人工操作，耗时、准确率也不高，成本估算的偏大偏小都为投标报价的定位带来不利影响。在 BIM 相关软件帮助下，工程量统计变得简单易行，只需鼠标操作就可完成投标项目的工程量统计，数据准确可靠，为之后的成本核算带来极大便利。目前业主方的招标工程量清单质量很不好，一方面是由于“三边”工程预算条件不齐备，另一方面是咨询顾问的工作质量上有很多问题。如果企业有能力在投标报价时对招标工程量清单进行精算，运用不平衡报价策略，将会获得很好的结算利润，这一结算利润达到 5%也是有可能的。

(3) 标前评价，提高中标率

标前评价是提高投标质量的重要工作之一。投标时间一般非常紧，很多施工企业根本没有时间仔细审核图纸，更不用说核对工程量清单。利用 BIM 数据库，结合相关软件整理数据，通过核算人、材、机用量，分析施工环境和施工难点，结合施工单位的实际施工能力，综合判断选择项目投标，做好投标的前期准备和筛选工作。毫无疑问的，精准的报价和较优的技术方案能够提高中标率和投标质量。

## 4.2 投标工程 BIM 工作流程

投标阶段 BIM 工作由各下属企业 BIM 中心负责，项目投标团队及集团 BIM 中心配合完成。以施工企业投标为例，具体做法为：根据投标团队或招标文件的具体要求，建安企业 BIM 中心负责组建投标 BIM 小组，完成建模及 BIM 相关应用。工程中标后，建安企业 BIM 中心负责向项目部提供投标阶段的 BIM 模型。如图 4.2.1 所示。

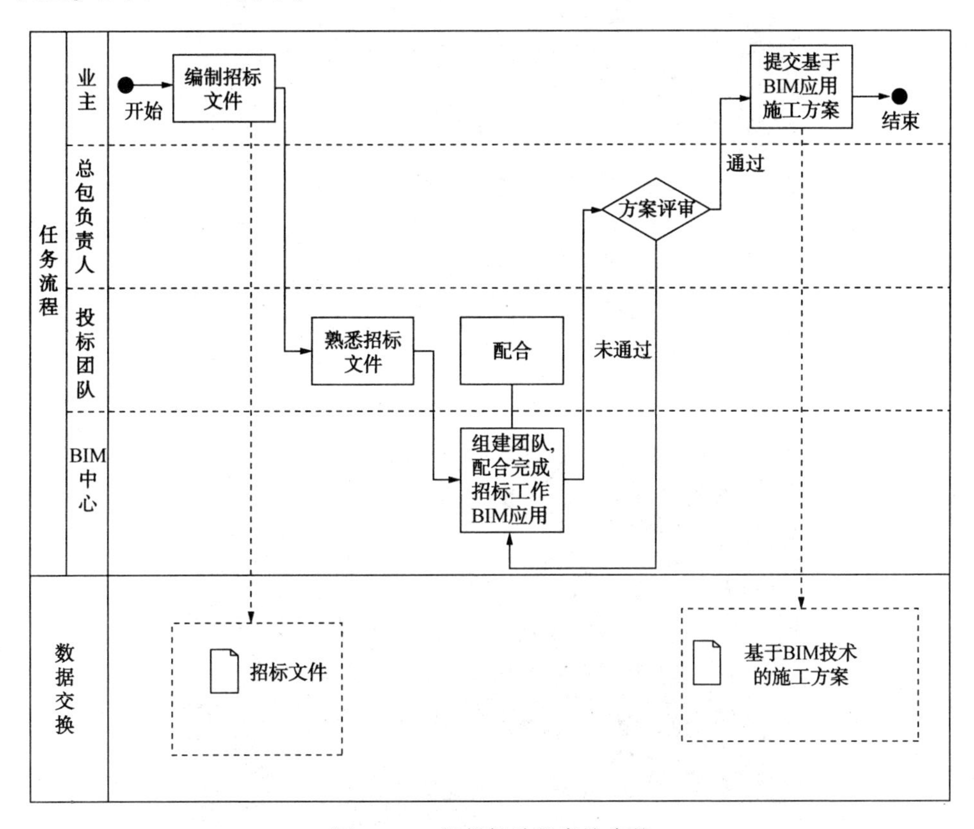


图 4.2.1　招投标阶段实施步骤

## 4.3 技术标

(1) 建立 BIM 模型

投标工作开始后，为了在标书的各个环节应用 BIM，首先要建立工程 BIM 模型，投标建模应区别于施工阶段建模，投标阶段建模时间较短，为了快速建立模型，模型精度建议控制在 LOD 200(分级标准见 2.4 节)，在建筑物本身建模基础上，同时要体现出施工方案和工艺措施，建议将施工场地、临时设施及重要大型设备进行建模。

(2) 工程概况介绍

可用文字及图表等形式说明相关概况后插入相关 BIM 模型图，利用 3D 视觉效果提高标书表现力，例如某建筑物整体建筑概况如图 4.3.1 所示，机电标准层概况如图 4.3.2 所示。

图 4.3.1　结构整体 BIM 模型

图 4.3.2　机电标准层 BIM 模型

(3) 施工组织部署和进度计划

技术标书中，为了清楚介绍工程施工的步骤，各个分区的施工顺序，以及各个重要里程碑节点工程的形象进度和相关专业的进展程度，利用 BIM 模型的三维可视化特性，应将重点工程施工阶段表现出来，用一系列的三维形象示意图展示各阶段工程形象进度。

也应针对局部施工，如某部位钢结构的吊装，可用一系列的实际装配图具体说明施工的工艺顺序。在此应用中，为提高表现力，可将 BIM 模型导入 3D MAX 等专业渲染软件输出，图 4.3.3 是一个工况点的表示方式。比起传统的文字加以口述，以动画形式展现，更容易展示技术实力。

图 4.3.3 主体结构施工工况 BIM 模型

（4）大型设备和施工装备方案

应利用 BIM 技术模拟施工现场，在工程模型中加入塔式起重机等大型施工设备，并基于模型的可优化性对设备布置方案进行比选，最终确定塔式起重机型号和位置，并可从模型中直接提取塔式起重机等设备各项参数和性能指标，形成附表附在方案中，充分体现设备方案的可信度和说服力。对于常用施工设备和设施，应建立族文件，以供其他方案使用。

（5）深化设计

对于机电机房和重要部位的管线施工，应利用 BIM 技术进行深化设计，并进行碰撞检查和综合优化，将最终设计方案甚至精确的施工图展现在方案中，以表现投标单位的深化设计和复杂部位的处理能力。

通过 Tekla Structures 等软件进行钢结构重要节点深化设计，包括搭建构件、节点设计、图纸绘制等。三维模型中包含加工制造及现场安装所需的一切信息，并可以生成相应的制造和安装信息。

（6）施工平面布置和临时设施设计

在投标方案中应利用 BIM 技术进行施工平面合理布置，并在标书中直观表现设计成果，必要时可对临时设施材料用量进行自动统计。可以对整个施工场地的临时设施和道路场地进行建模，按基础、主体结构、装修等分阶段编制和优化，将设计结果反映到投标书中。三维的规划图更加清晰直观，直接显示实际的工作方式。

(7) 阐明施工时的预期 BIM 应用

投标书中宜单独设一节内容具体说明中标后在工程施工阶段拟采用的 BIM 技术，或基于 BIM 的管理构想。本节可采用文字说明配图表的方式。给业主以良好的 BIM 应用预期。编制此部分内容时要结合投标单位具体情况，提出切实可行的 BIM 实施方案，避免陷入过度营销，中标后无法实现，给企业信誉带来影响。

## 4.4 商务标

在商务标中，应利用 BIM 技术对招标工程量进行仔细复核，进行快速准确算量。并与招标工程量进行对比，按照差值百分率进行排序，做到数据分析精细化，并且提高编制商务标效率。

# 5

# BIM应用计划编制

## 5.1 BIM 工作计划编制

(1) 工程中标后，需要进行 BIM 建模及应用的工程，由项目部向各单位 BIM 中心提交《项目 BIM 技术应用申请表》，由 BIM 中心指派一名工程师担任项目部 BIM 经理，根据项目申请编制施工工程 BIM 工作计划，并确定 BIM 工作团队，根据项目特点及各专业人员配置情况组建 BIM 团队，完成项目的各项 BIM 工作。

(2) BIM 计划的主要内容应包括以下主要内容：

① 项目信息；

② BIM 应用目标及价值分析；

③ BIM 工作流程制定；

④ 人员组成及工作职责；

⑤ 会议制度；

⑥ 资料交换；

⑦ 文件及文件夹命名形式；

⑧ 专业模型实施要求；

⑨ 专业信息模型拆分；

⑩ 专业信息模型应用清单；

⑪ 施工阶段基于 BIM 技术的管理；

⑫ 资料交互与成果交付。

(3) BIM 计划编制完成后应发给项目各相关方审查修改，并纳入工作计划，以施工阶段为例，具体施工阶段 BIM 准备工作实施步骤如图 5.1.1 所示。

## 5.2 BIM 应用目标及价值分析

### 5.2.1 基本应用目标

BIM 技术的基本应用目标包括：

(1) 在项目全寿命周期内为不同利益相关方提供相关数据与协同工作指导，以达到数据共享和所有信息协调一致。

(2) 通过 BIM 实施流程的制定将使企业及项目各参与方更好的编制工作任务，做到各方角色和责任明确划分。

(3) 将个人完成任务与信息模型技术结合，设立更多子模型(专业信息模型)，将 BIM 技术应用于设计、施工及竣工阶段每一环节，利用 BIM 技术实现施工管理信息化与精细化。

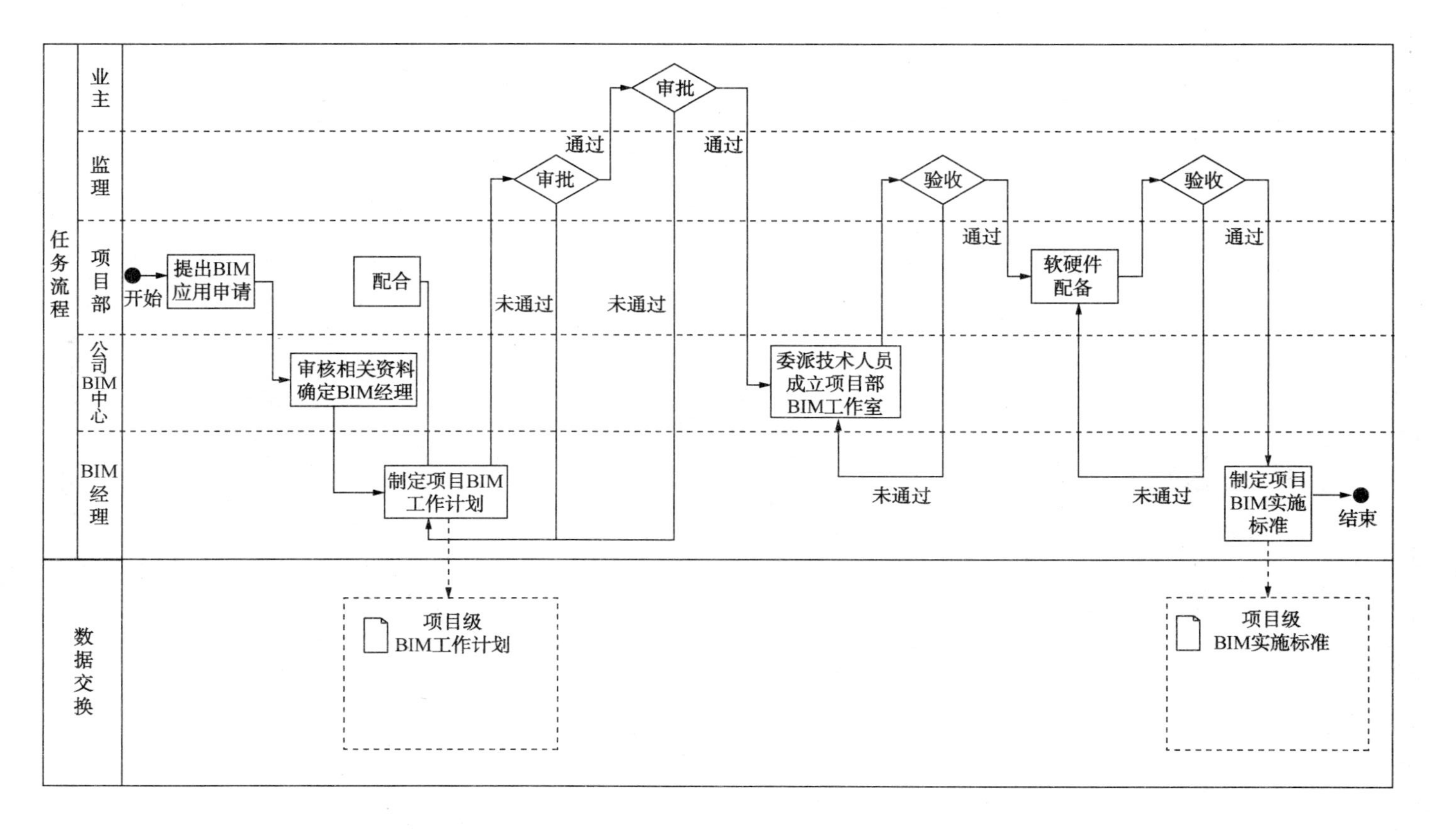


图5.1.1 施工阶段BIM准备工作实施步骤

### 5.2.2 BIM 技术在设计阶段的具体应用目标

BIM 技术在设计阶段的具体应用目标包括：

(1) 建筑策划，优化设计。由于 BIM 是参数化设计，工程师可以快速生成多种初步方案模型提交比对，而且可以便利快捷地进行修改。同时，由于 BIM 承载了大量的建筑信息，可以令设计者轻松地进行各种能耗、光照、风动等分析，对方案不断进行优化，最大限度的满足业主的需求。

(2) 可视化设计。Sketchup，Revit 等这些三维可视化软件的出现弥补了项目投资方及业主对传统的二维绘图软件理解能力而造成的与设计院之间的交流障碍，利用 Revit 平台，能够将传统的平、立、剖三视图展现的绘图方式改为三维可视化立体模型，不仅能够使工程师利用三维的视角完成建筑、结构及设备专业的设计，同时也大大提高了与业主方的沟通效率，大大提高了专业间的互动性和可视性，项目的设计始终在可视化状态下完成。

(3) 设计协同，信息交流。协同设计的概念是一种新兴的建筑设计方式。不同于以往的设计流程，往往由建筑师首先完成建筑设计，提供相关资料给结构及水暖电等专业，当其他专业遇到问题时，需要通过会议讨论、口头沟通等形式完成设计过程的协调工作，而利用 BIM 技术可以使分布在不同地理位置的不同专业设计人员通过网络展开协同工作，所有专业的设计沟通均在平台解决。不仅实现了专业间的信息流转，而且能够提高专业间数据的关联性。

(4) 性能分析，一模多用。利用计算机软件进行建筑的光、热、风等性能分析由来已久，但是这些软件间模型的不通用性导致模型利用率低，建筑设计与建筑物理性能化分析脱节等现象。利用 BIM 技术能够建立一个模型，该建筑模型中已经包含了大量的设计信息，只需将相应的信息模型导入相关的性能化分析软件，就能够得到相应结构，实现了一模多用，降低了性能化分析周期，提高设计质量。

(5) 净高控制，碰撞检查。随着建筑规模和使用功能复杂程度的增加，净高的控制往往难以从二维图纸上进行直观的反映，利用 BIM 技术，通过搭建各个专业的 BIM 模型，各专业工程师能够在虚拟的三维环境下发现设计冲突，从而提高管线综合的设计能力和工作效率，显著减少变更申请的出现，提高生产效率，降低了由于各专业协调不当造成的成本增长。

### 5.2.3 BIM 技术在施工阶段的具体应用目标

BIM 技术在施工阶段的具体应用目标包括：

（1）方案比对，寻求最优。在进行施工方案的论证阶段，项目施工企业可以利用 BIM 来评估施工方案的布局、安全、规范的遵守情况，迅速分析施工中可能应对的问题。借助 BIM 提供低成本的不同三维施工场地布置方案，减少项目投资方决策的时间。从而减少施工周期，获得利益最大化。

（2）管线综合，减少返工。BIM 最直观的特点在于三维可视化，利用 BIM 的三维技术在前期可以进行碰撞检查，优化工程设计，减少在建筑施工阶段可能存在的错误损失和返工，而且优化净空，优化管线排布方案，最后施工人员可以利用碰撞优化后的三维管线方案，进行施工交底、施工模拟，提高施工质量，同时也提高了与业主沟通的能力。

（3）施工图深化，参数检测。基于 BIM 模型生成高质量的设计施工图纸，是 BIM 技术在项目设计阶段价值的根本目的，为后续的高质量施工、监理和运营维护奠定基础。在建立 BIM 模型过程中输入了许多设备参考信息，包括构件、设备、管线的材质、型号、安装高度、安装方式等，因此有别于利用二维平面的施工图深化，无需再从设计说明、设备手册等文件资料中寻找所需要的信息。

（4）虚拟施工，有效协同。三维可视化功能再加上时间维度，可以进行虚拟施工。随时随地直观快速地将施工计划与实际进展进行对比，同时进行有效的协同，施工方、监理方、甚至非工程行业出身的业主领导都对工程项目的各种问题和情况了如指掌。这样通过 BIM 技术结合施工方案、施工模拟和现场视频监测，大大减少建筑质量问题、安全问题，减少返工和整改。

（5）虚拟呈现，宣传展示。三维渲染动画，给人以真实感和直接的视觉冲击。建好的 BIM 模型可以作为二次渲染开发的模型基础，大大提高了三维渲染效果的精度与效率，可以给业主更为直观的宣传介绍，也可以进一步为房地产公司开发出虚拟样板间等延伸应用。

（6）快速算量，提升精度。BIM 数据库的创建，通过建立 5D 关联数据库，可以准确快速计算工程量，提升施工预算的精度与效率。由于 BIM 数据库的数据粒度达到构件级，可以快速提供支撑项目各条线管理所需的数据信息，有效提升施工管理效率。BIM 技术还能自动计算工程实物量，这个属于较传统的算量软件的功能，在国内的应用案例非常多。

（7）数据调用，支持决策。BIM 数据库中的数据具有可计量的特点，大量工程相关的信息可以为工程提供数据后台的巨大支撑。BIM 中的项目基础数据可以在各管理部门进行协同和共享，工程量信息可以根据时空维度、构件类型等进行汇总、拆分、对比分析等，保证工程基础数据及时、准确地提供，为决策者制订工程造价项目群管理、进度款管理等方面的决策提供依据。

（8）精确计划，减少浪费。企业精细化管理很难实现的根本原因在于海量的工程数据，企业无法快速准确地获取以支持资源计划，致使经验主义盛行。而BIM的出现可以让相关管理条线快速准确地获得工程基础数据，为企业制定精确的“人材机”计划提供有效支撑，大大减少了资源、物流和仓储环节的浪费，为实现限额领料、消耗控制提供了技术支撑。

项目团队应详细讨论每项BIM应用目标的可能性，确定是否适合项目和团队特点，并均衡考虑额外项目风险和投入成本。清晰认识和理解模型信息用途，根据项目特点，列表分析每项BIM应用在该项目的重要性等级、完成该应用点前期的准备工作、资料收集工作、模型精度要求、需要使用何种软件来完成该工作，从而在前期规划好，将信息提交给项目建模人员，避免建模信息的缺失。表5.2.1列出某施工项目BIM应用目标、前期资料准备工作等信息，可供参考。

**表5.2.1 BIM应用目标及价值分析表**

| BIM应用目标 | 重要性 | 前期准备工作 | 软件选择 |
| --- | --- | --- | --- |
| 施工图深化，参数检测 | 高 | 各专业模型建立、整合、模型精度达到LOD 300，标高合理，与2D图纸一致，专业间协调 | Revit，Navisworks |
| 虚拟呈现，宣传展示 | 低 | 各专业模型建立、整合、需具备基本轮廓，进行场地模型建立 | SketchUp，Revit，Navisworks，3D max |
| 方案对比，优化设计 | 中 | 建立多个任务信息模型，需BIM工作室直接跟相关工种负责人沟通，进行模型比选，最终确定最优方案 | Revit |
| 精确计划，减少浪费 | | | |

## 5.3 BIM工作流程制定

BIM工作流程制定的目标应使团队成员能够清晰了解BIM的整体情况和相互配合关系，可分为整体流程和详细流程两个层次编制。应根据BIM应用目标分析结果制定各项任务的工作流程，明确任务责任方、参与方、细化应用点前期的准备工作、资料收集工作、模型精度要求、需要使用何种软件来完成该工作。

BIM 整体工作流程应包含以下内容：

(1) 第一阶段：项目级 BIM 工作室准备

**阶段目标**

制定项目 BIM 工作计划；

组建 BIM 团队；

根据项目特点搭建 BIM 应用基础环境。

**成果提交**

BIM 工作计划、项目级 BIM 实施标准。

(2) 第二阶段：BIM 模型创建

**阶段目标**

根据施工图纸建立 BIM 各专业 BIM 模型；

BIM 模型准确性核对；

BIM 模型分权限数据共享。

**成果提交**

BIM 建模成果报告。

(3) 第三阶段：基于 BIM 模型施工过程管理

**阶段目标**

根据设计变更以及新图纸建立或调整 BIM 模型；

BIM 模型在施工指导、材料管理、成本管理、碰撞检查等方面的应用指导。

**成果提交**

BIM 应用月进展报告；

专业信息模型；

施工模拟动画、Excel 表格等文件。

(4) 第四阶段：竣工验收

**阶段目标**

系统调试，试运行。

**成果提交**

BIM 最终模型；

BIM 系统验收报告。

示例如图 5.3.1、图 5.3.2 所示。

BIM 详细工作流程见第 6 章相应工作内容。

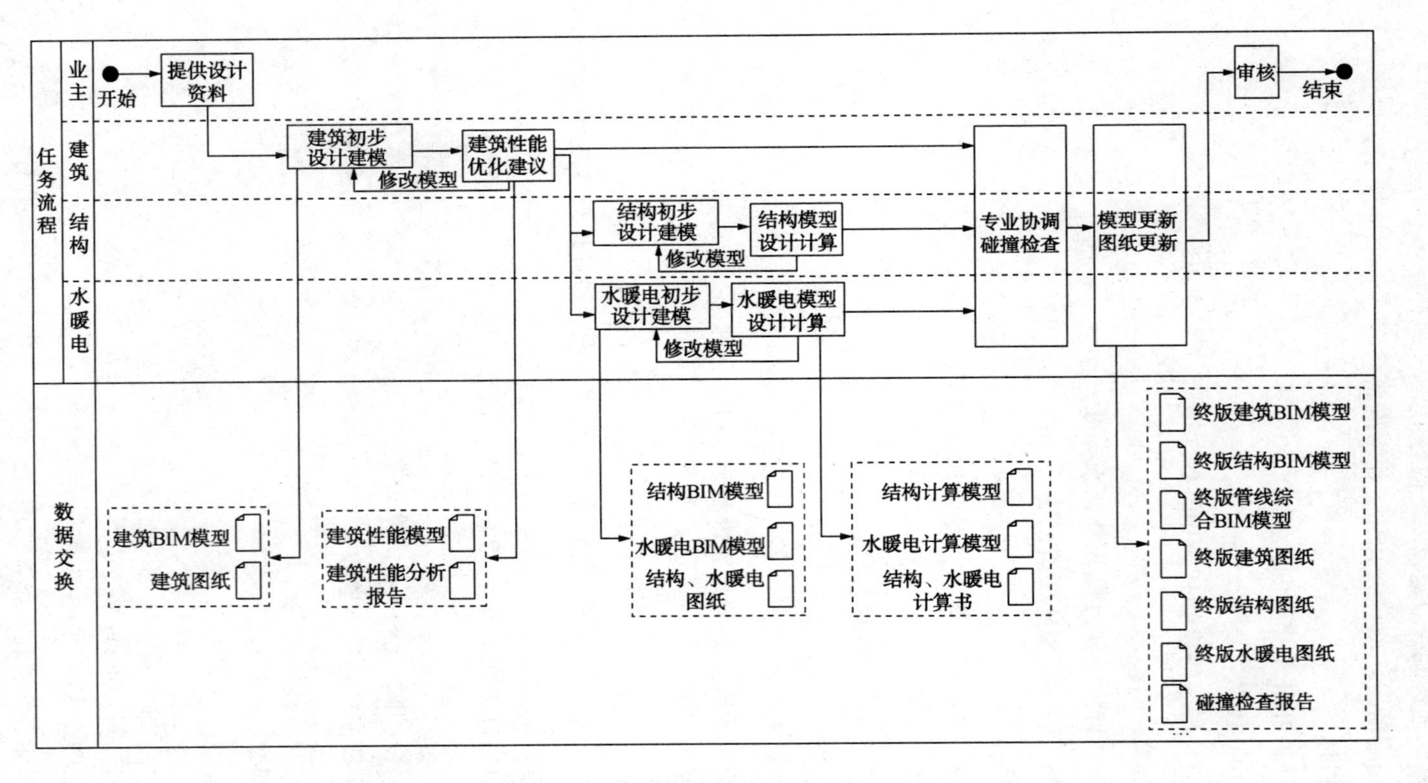


图5.3.1 设计阶段BIM总体实施步骤

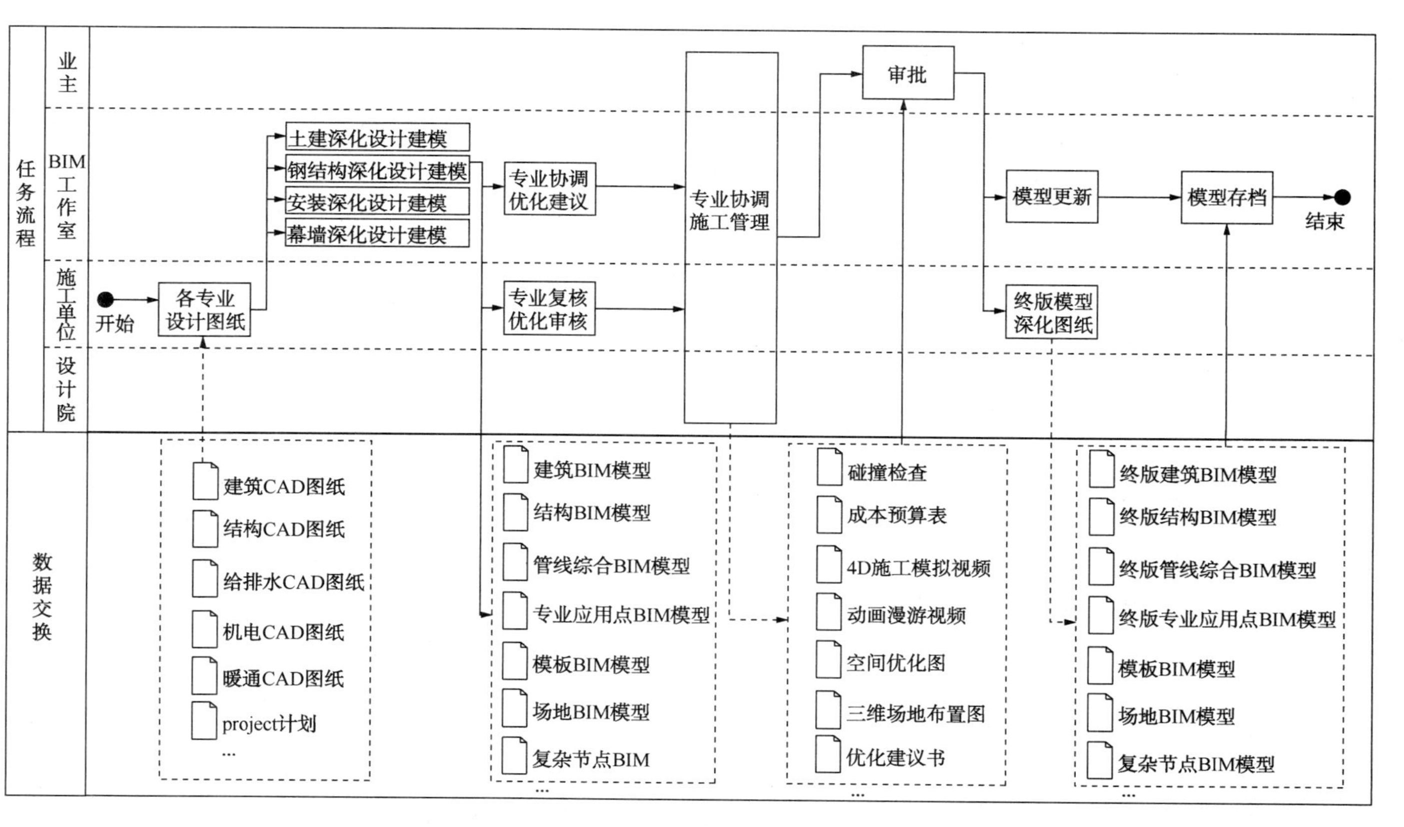


图5.3.2 施工阶段BIM总体实施步骤

## 5.4　BIM 技术应用前期规划与准备

### 5.4.1　人员组成机制

(1) 应在项目现场设置 BIM 工作室，作为项目施工全过程及后续运行和维护保养的专门机构。针对大型复杂工程项目，宜建立四个层次组成的 BIM 工程项目管理组织机构：

第一层次：施工现场 BIM 经理领导层。

第二层次：由项目计划协调部和 BIM 工作室组成，具体负责实施工程 BIM 项目的运行，与现场施工人员的协调和沟通。

第三层次：相关专业 BIM 负责人，负责模型维护及各专业间协调。

第四层次：各专业技术人员，承担专业工作和提出 BIM 基础数据。

(2) 组织结构见图 5.4.1。

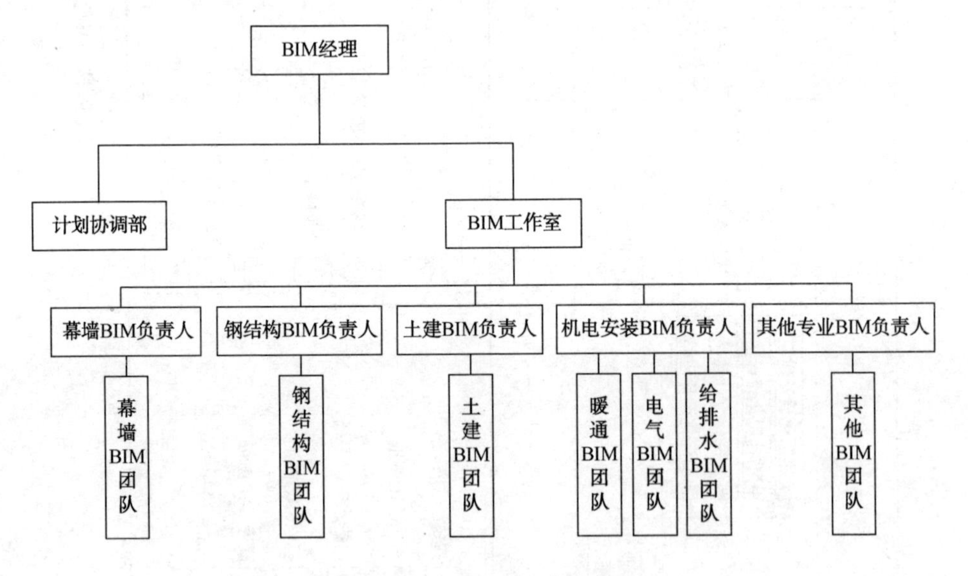


图 5.4.1　BIM 人员组织机构图

### 5.4.2　工作职责

(1) BIM 经理工作职责

① 协助项目经理、设计方、咨询方、监理方、材料供货商参与从施工、运

营阶段的 BIM 项目工作，负责完成施工过程 BIM 工作计划编制；

② 负责整个项目全过程的 BIM 技术管理工作，包括技术规范、设计变更和技术核定等；

③ 建立 BIM 项目管理平台；

④ 负责完善工程管理中心和项目部运作管理的 BIM 应用各项规章制度、技术标准和工作流程，在日常工作中协助并指导工程管理中心人员和项目部人员执行，提高全体人员基于 BIM 平台的项目管理水平和精细化运营能力；

⑤ 基于 BIM 平台协调施工中各项施工问题的解决，参与公司设计及施工中重大技术问题的决策；

⑥ 审核批准工作方案。

（2）计划协调部工作职责

① 协助经理将 BIM 流程纳入项目工程管理平台，包括施工进度计划的制定和控制，工程质量、成本控制及施工现场安全管理；

② 基于 BIM 平台协调监理、总分包各项工作，分析、处理相关工程问题，提供有效的协调和解决方案；

③ 最终模型及资料的整理归档。

（3）BIM 工作室专业负责人工作职责

① 承担 BIM 项目专业负责人角色；

② 主持、协调施工图阶段的 BIM 设计工作；

③ 组织、协调人员进行建筑、结构、暖通、给排水、电气专业 BIM 建筑信息模型搭建，并出专业设计成果图纸；

④ 负责项目各设计阶段管线综合协调工作。

（4）BIM 技术人员工作职责

① 作为专业设计师参与采用 BIM 技术进行项目设计的设计工作；

② 负责与本专业有关的分析计算工作；

③ 创建特殊的构件族文件；

④ 负责本专业项目样板文件的创建和 BIM 操作流程总结；

⑤ 负责 BIM 模型的创建和修改工作；

⑥ 通过 BIM 建模发现现有设计图中存在的问题，并归纳整理；

⑦ 参与专业项目样板文件的创建和标准构件族的创建；

⑧ 在 BIM 建模中实践和推行 BIM 标准，为 BIM 标准的通过反馈意见和建议。

### 5.4.3 会议制度

（1）BIM 工作室内应由 BIM 经理主持，应每周组织跨专业协调会议，讨论内容包括：

① 各专业 BIM 模型进展情况；

② 各专业 BIM 应用点进展情况；

③ 专业间 BIM 模型协调情况。

（2）在项目例会上，BIM 工作列为讨论议项。讨论内容包括：

① 上次例会 BIM 工作落实情况；

② 本阶段出现的 BIM 问题及解决方法；

③ 下一阶段 BIM 工作要求。

（3）针对重点问题，应召开 BIM 工作专题会议，便于决策层决策。

### 5.4.4 资料交换

（1）项目级所有的 BIM 资料交流通过内部局域网以工作联络单形式进行，并确定一套固定的流转模式运作。

（2）计划协调部负责整合所有总、分包 BIM 工作人员提交的模型资料，相关资料的流转与响应周期参见“资料交互与成果交付”章节。

（3）为保证兼容性的要求，资料交换过程中涉及到 Microsoft Office 文档，必须使用 2003 版格式；涉及 AutoCAD 文档，必须使用 2004 版格式。

（4）总、分包有责任及时提交自身范围内的模型资料。符合以下情况中任意一条即需要更新模型：

① 模型经设计确认，已定稿；

② 需要做相关区段的 BIM 应用；

③ 模型发生重大修改；

④ 未发生以上三种情况，但一个月未有模型更新。

（5）提交的每一组模型资料应至少包含两项文件：模型文件和说明文档。以文件夹包覆所有需要提交的数据。

（6）每一个施工区段中的专业模型可以拆分成多个文件，但是模型的拆分必须界限清晰。

（7）所有模型必须经过清理，删除所有导入文件和外部参照链接，只保留合同约定的工作范围内的模型。

(8) 模型中所有的视图必须经过整理，只保留默认的视图或视点，其他都须删除。

(9) 如果建模使用 Revit 系列软件，所有模型须清除未使用项。选择“管理”标签栏，并点击“清除未使用项”，选择所有项目并点击“确定”。

(10) 与模型文件同时提交说明文档中必须包含以下内容：

模型的原点坐标描述：项目各分包单位建模过程中将±0.00 标高轴网 1 和 A 轴相交处规定为模型坐标原点；

模型建立所参照的图纸类别、版本和相关的设计修改记录；

引用并以之作为参照的其他专业图纸或模型(若没有，本项可以不用陈述)。

(11) 施工方若有对其他专业模型的需求，应事先通知 BIM 工作室，由工作室提供合理版本的模型。

(12) 相互交换文件时，除标准中规定的模型文件，推荐采用 pdf，dwf，xps，nwd 等格式。

### 5.4.5 文件及文件夹命名格式

(1) 项目中心文件及项目资源文件应存储于项目级中央服务器中，应分专业分别建立文件夹，项目文件夹结构及命名标准如下：

- ××项目 BIM 资源文件
  - 族库
    - 建筑专业
    - 结构专业
    - 管线综合专业
  - 样板文件
  - 图框文件
- ××项目 BIM 中心文件
  - 建筑专业
  - 结构专业
  - 管线综合专业
    - 电气专业
    - 给排水专业
    - 暖通专业

(2) 项目视图命名标准及详细构件命名标准见表 5.4.1。

表 5.4.1　项目视图命名标准及详细构件命名标准

| 类别 | 专业 | 分项 | 命名标准 | 示例 |
|---|---|---|---|---|
| 视图 | 建筑、结构 | 平面 | 楼层-标高 | F1(-0.500) |
| | | 剖面 | 内容 | A-A 剖面，楼梯剖面 |
| | | 详图 | 内容 | 墙身详图 |
| | 管线综合 | 平面 | 楼层-系统 | F1(给排水) |
| | | 剖面 | 内容 | A-A 剖面，集水坑剖面 |
| 构件 | 建筑 | 建筑柱 | 楼层-外形-尺寸 | F1-矩形柱-400×400 |
| | | 建筑墙 | 楼层-内容-尺寸 | F1-外墙-300 |
| | | 建筑楼板 | 楼层-内容-尺寸 | F1-复合天花板-150 |
| | | 建筑屋顶 | 内容 | 复合屋顶 |
| | | 建筑楼梯 | 编号-内容 | 1#楼梯 |
| | | 门窗 | 楼层-内容-型号 | F1-防火门-GF2027A |
| | 结构专业 | 结构基础 | 内容-尺寸 | 基础筏板-800 |
| | | 结构柱 | 楼层-型号-尺寸 | F1-KZ1-400×400 |
| | | 结构梁 | 楼层-型号-尺寸 | F1-KL1-200×400 |
| | | 结构墙 | 楼层-尺寸 | F1-结构墙 200 |
| | | 结构楼板 | 楼层-尺寸 | F1-结构板 200 |
| | 管线综合专业 | 管道 | 楼层-系统简称 | F1-J3 |
| | | 穿楼层的立管 | 系统简称 | J3L |
| | | 埋地管道 | 楼层-系统简称-埋地 | F1-J3-埋地 |
| | | 风管 | 楼层-系统名称 | F1-送风 |
| | | 线管 | 楼层-系统名称 | F1-弱电线管 |
| | | 电气桥架 | 楼层-系统名称 | F1-弱电桥架 |
| | | 设备 | 楼层-系统名称-编号 | F1-紫外线消毒器-SZX-4 |

(3) 对于使用工作集的文件，必须在文件名的末尾加“-CENTRAL”或“-LOCAL”，以便区分本地文件或中心文件类型。

## 5.4.6　专业模型实施要求

(1) 施工阶段建筑信息模型由资源数据、基础模型元素、专业信息模型组成，各专业应具有特有专业模型元素。

(2) 资源数据和基础模型元素是各专业模型的基础，在项目开展初期，应由 BIM 工作室土建专业建立共同的资源数据及基础模型元素，包括工程轴网、标高、度量单位、场地、参与者、项目信息及时间等。

（3）专业模型元素的组成应以基本模型元素为基础，描述混凝土结构、钢结构、机电综合、幕墙体系、装饰工程及景观工程等专业特有的模型元素和信息，且应满足交付要求。

（4）专业模型元素由各个专业人员分别建立，根据施工方要求，专业模型元素可以是专业特有的元素类型，也可以是基础模型元素的扩展和深化。

（5）深化设计专业模型几何信息细度建议控制在 LOD350，对非几何信息不做要求；施工管理专业模型几何信息细度建议控制在 LOD400，并根据施工进度的推进附加相应产品专业信息（pro-info）和施工安排信息（con-info）；竣工模型几何信息细度应达到 LOD500，满足竣工验收要求。

### 5.4.7 专业信息模型拆分

（1）模型拆分的目的是实现各专业间协同工作，提高大型项目的操作效率，实现多用户访问。

（2）根据项目各专业特点将按以下专业和文件对模型数据进行拆分成八个模块，各专业模型应包含范围及建议精度见表 5.4.2。模型拆分也可根据工程实际情况进行调整，各专业可根据项目复杂程度选择 1~3 人完成。

**表 5.4.2 模型精度详表**

| 专业 | 模型内容 | 模型精度 |
|---|---|---|
| 建筑 | 墙、柱、楼板、楼梯、扶手、坡道、门、窗等 | LOD400 |
| | 洞口、幕墙 | LOD300 |
| | 面层、天花板 | LOD100 |
| 结构 | 墙、柱、楼板、梁等 | LOD400 |
| | 钢筋、楼梯、坡道、基础等 | LOD300 |
| 钢结构 | 钢管混凝土柱、钢管柱、钢梁等 | LOD400 |
| 暖通 | 风管及部件、阀门、风口等 | LOD400 |
| | 空调设备、通风设备、集水设备、过滤设备、分布控制设备、其他设备 | LOD200 |
| 电气 | 桥架母线、电缆、灯具等 | LOD400 |
| | 储电设备、机电设备、终端 | LOD200 |
| 给排水 | 管道、管件、阀门、洁具、管道支吊架 | LOD400 |
| | 泵送设备、控制设备、集水设备、水处理设备 | LOD200 |

（3）为避免出现模型不容合现象，应在 BIM 应用初期，即确定拆分方法，避免出现孤立文件。由项目负责人设定项目原点，并建立统一轴网及标高。同一专

业内部宜采用工作集模式，各专业间采用链接模式，以便专业协调。

(4) 工作集模式同一专业多用户可通过一个中心文件和多个本地文件处理同一模型文件，专业内部可根据项目特点按照建筑分区拆分、楼层拆分、施工缝拆分、构件拆分等多种模式灵活选择。为保证中心文件的正确性，所有本地文件均应该将中心文件重新复制，不能通过打开中心文件进行“另存为”操作保存。

(5) 链接模式应采用“原点对原点”插入。如在链接过程中发现链接模型错误，应及时通知链接数据负责人进行模型检查和修正。

(6) 为了避免协调错误，应详细记录每部分数据的责任人。

### 5.4.8 专业信息模型应用清单

(1) 在建筑信息模型基础上，各专业应完成深化设计工作，并配合完成专业信息模型的搭建和施工过程管理。

(2) 专业信息模型具体可根据 BIM 应用目标及价值分析确定(5.2 节)，应做到与施工过程中的生产管理、技术管理、成本管理紧密结合，在确定应用点后，应明确该应用点涉及专业，并将该应用点的实施指定唯一负责人，某项目的具体应用点示意见表 5.4.3。

**表 5.4.3 BIM 应用清单**

| 管理内容 | 应用点 | 具体应用效果 |
|---|---|---|
| 技术管理 | 碰撞检查 | 在项目开工前预先消除碰撞，避免在施工阶段发生返工的可能 |
| | 钢结构深化设计 | 把需要现场安装的钢结构进行分解、形成加工尺寸图、精确定位每个螺栓、减少方案变更，实现虚拟预拼装 |
| | 管线综合深化设计 | 机电综合专业管线排布、实现结构精确预留洞口、精准度高，失误率低 |
| | 砌体工程深化设计 | 利用 BIM 技术实现自动化排砖图纸的深化，使其快捷指导施工，实现可视化方案交底 |
| | 复杂部位技术交底 | 在施工过程中，提供基于模型的可视化交流服务，协助总分包单位熟悉复杂部位施工流程及施工完成效果 |
| 安全管理 | 办公与生活临时设施管理 | 统筹安排各分包方所需的办公与生活临时设施 |
| | 施工平面布置与绿色施工 | 解决现场施工场地平面布置问题，解决现场场地划分问题，按安全文明施工方案的要求进行修整和装饰 |
| | 施工工作面协调 | 进行施工工序与工作面协调，关注复杂区域的深化设计、大型设备和构件就位协调工作，避免各工序之间的碰撞问题 |
| | 安全防护设施布置 | 进行施工平面整体布置的基础上，对安全通道口、楼梯口、预留洞口和临边安全防护进行布置 |

续表

| 管理内容 | 应用点 | 具体应用效果 |
| --- | --- | --- |
| 进度管理 | 进度计划 | 进度计划的制定是实现建设项目施工阶段工程进度、人力、材料、设备、成本和场地布置管理的基础 |
| | 进度控制 | 在具体施工过程中可以随时更新模型，使管理人员通过模型快速了解项目进展，对下一步工作进行部署，为项目进度管理带来很大便利 |
| 预制加工管理 | 工厂化预拼装 | 利用 BIM 三维建模、准确下料，实现构件工厂化预拼装 |
| | 二维码追溯 | 利用二维码读取设备，对设备和材料进行清点 |

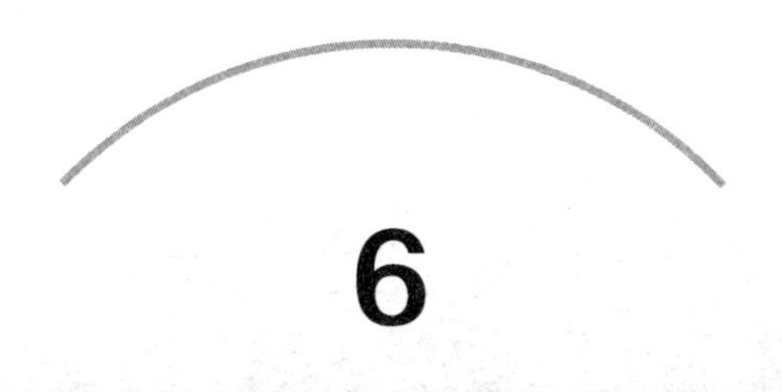

# 6

# BIM技术管理

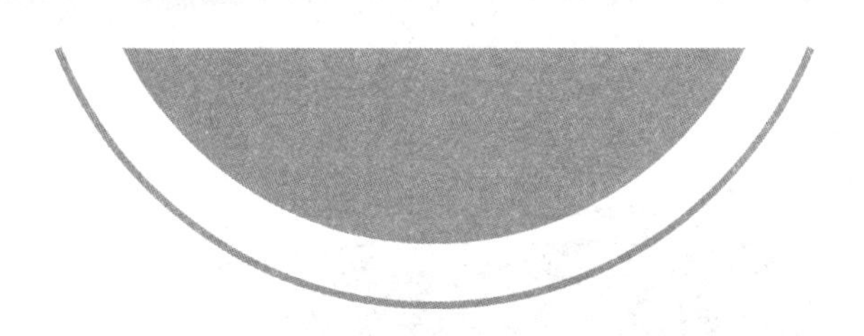

## 6.1 设计阶段技术管理

### 6.1.1 BIM 多专业协同设计

(1) BIM 多专业协同设计内容包括使用 BIM 模型技术分别建立建筑、结构及设备模型，并根据各工程需要分别录入项目信息及构件信息，例如柱截面尺寸、材料等级、项目地点等信息，使用 IFC 标准化格式，分别导入 Phoenics，Ecotect，PKPM 等软件中，进行建筑性能分析和结构分析，并及时调整项目信息，通过项目协同平台反馈于各专业负责人，保证 BIM 模型的及时性及有效性，将无序的设计过程转变为以 BIM 模型为中心的有序设计过程。具体模型与分析软件协同见图 6.1.1~图 6.1.8。

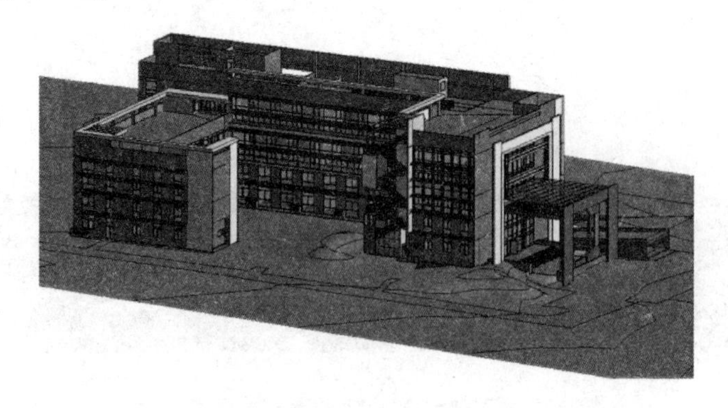

图 6.1.1　建筑 Revit 模型

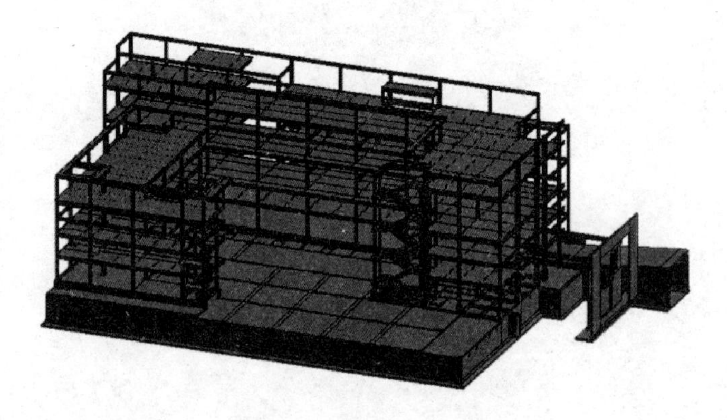

图 6.1.2　结构 Revit 模型

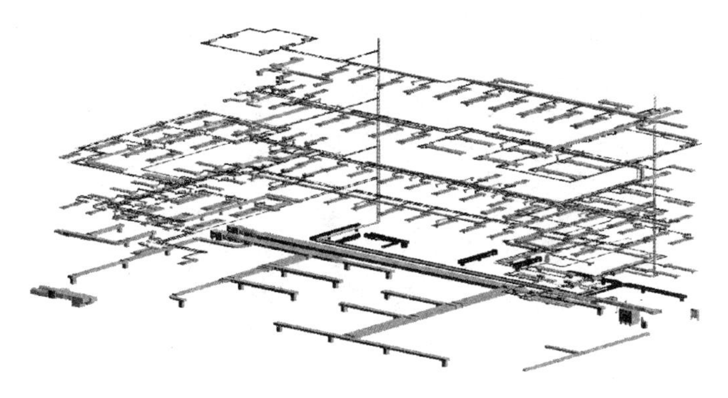

图 6.1.3　暖通 Revit 模型

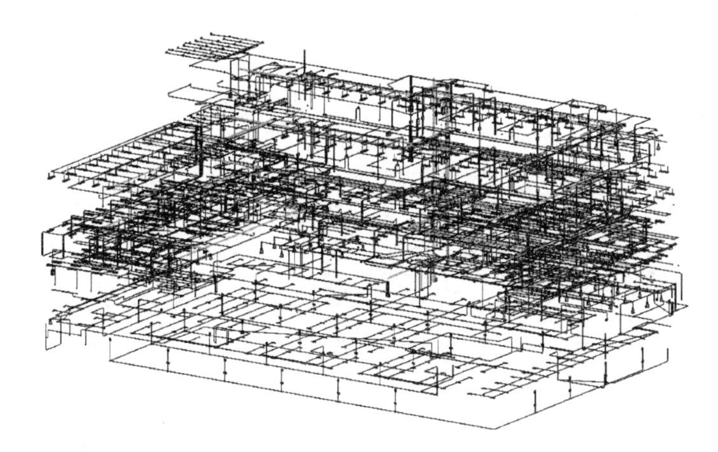

图 6.1.4　电气 Revit 模型

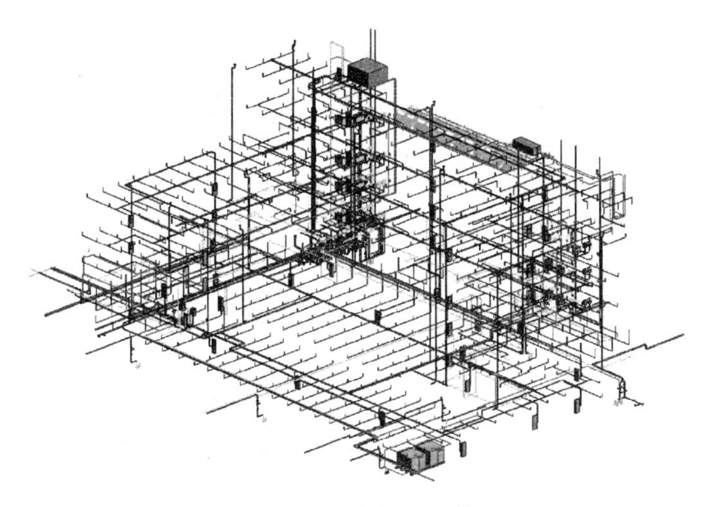

图 6.1.5　给排水 Revit 模型

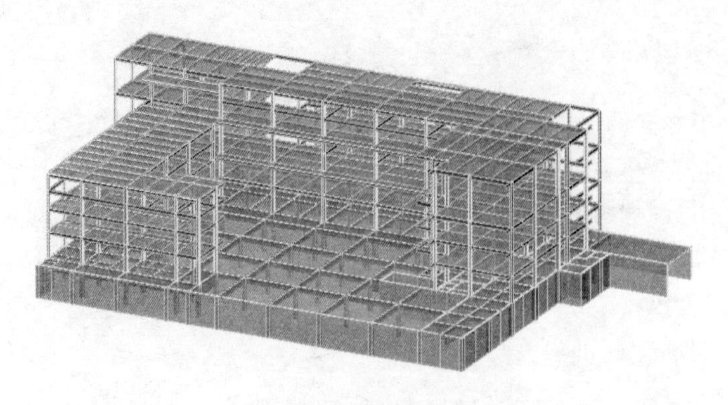

图 6.1.6　PKPM 模型

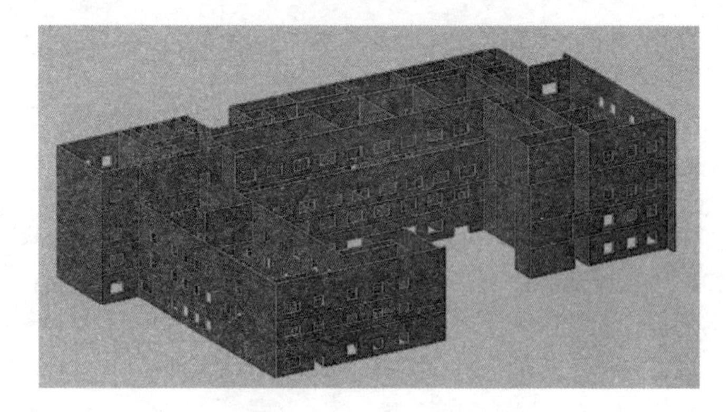

图 6.1.7　Phoenics 模型

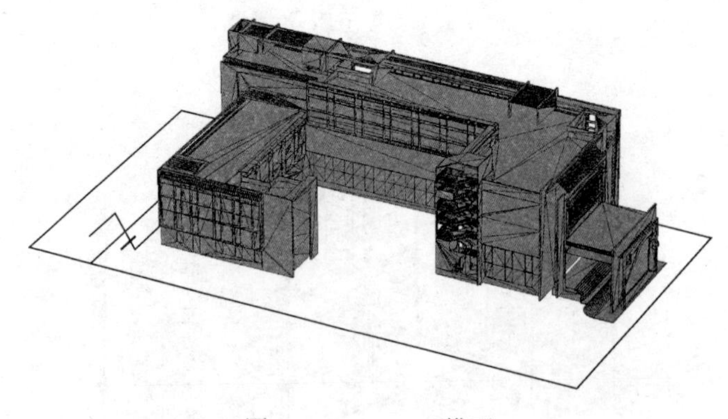

图 6.1.8　Ecotect 模型

(2) BIM 多专业协同设计基本流程：

设计院根据设计需要建立 BIM 模型，录入相关工程信息，自查模型准确性。通过 Revit 的设计协同模块，当各专业调整模型时，应及时将调整信息发于相关专业负责人，便于负责人进行模型修改。

### 6.1.2 基于 BIM 的绿色建筑性能分析

（1）基于 BIM 的绿色建筑性能分析内容包括日照分析、采光分析及室内外风环境分析等，此部分主要由建筑专业完成。首先，利用 Revit 自带的日照分析模块，在建筑模型中对建筑屋顶的太阳辐射量进行分析，确定遮阳措施和太阳能板最佳位置，如图 6.1.9 所示。用 Revit 自带工具分析建筑阴影对周围环境的影响，确定最佳体量。同时，将 Revit 模型导出 dxf 格式、IFC 格式，这些格式可广泛适用于Phonics，Ecotect 等软件，从而进行采光分析、室内外风环境分析等，如图 6.1.10 所示。

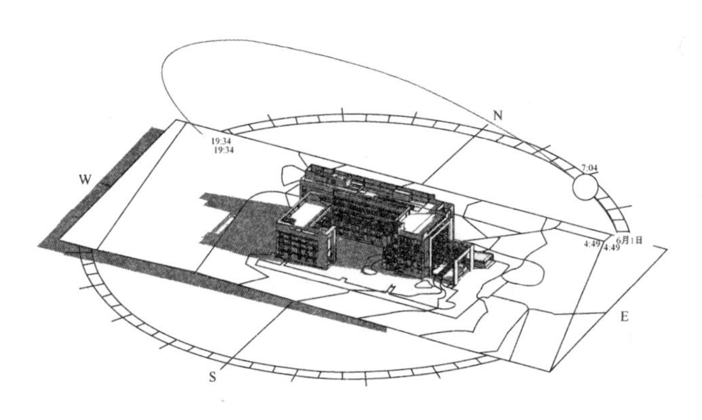


图 6.1.9　日照分析模型

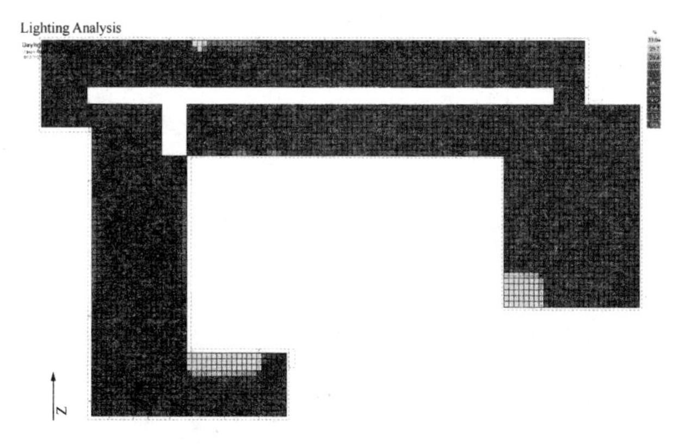


图 6.1.10　采光分析模型

（2）基于 BIM 的绿色建筑性能分析基本流程：

建筑专业完成初步设计建模后，由建筑专业负责人根据工程需要进行建筑性能分析，并根据分析结果进行模型修改，直至模型符合建筑性能分析要求，模型应通过变更方式，反馈给其他专业负责人，保证各专业模型的及时更新。建议包含的建筑性能分析包括日照分析、采光分析及室内外风环境分析，如图 6.1.11 所示。

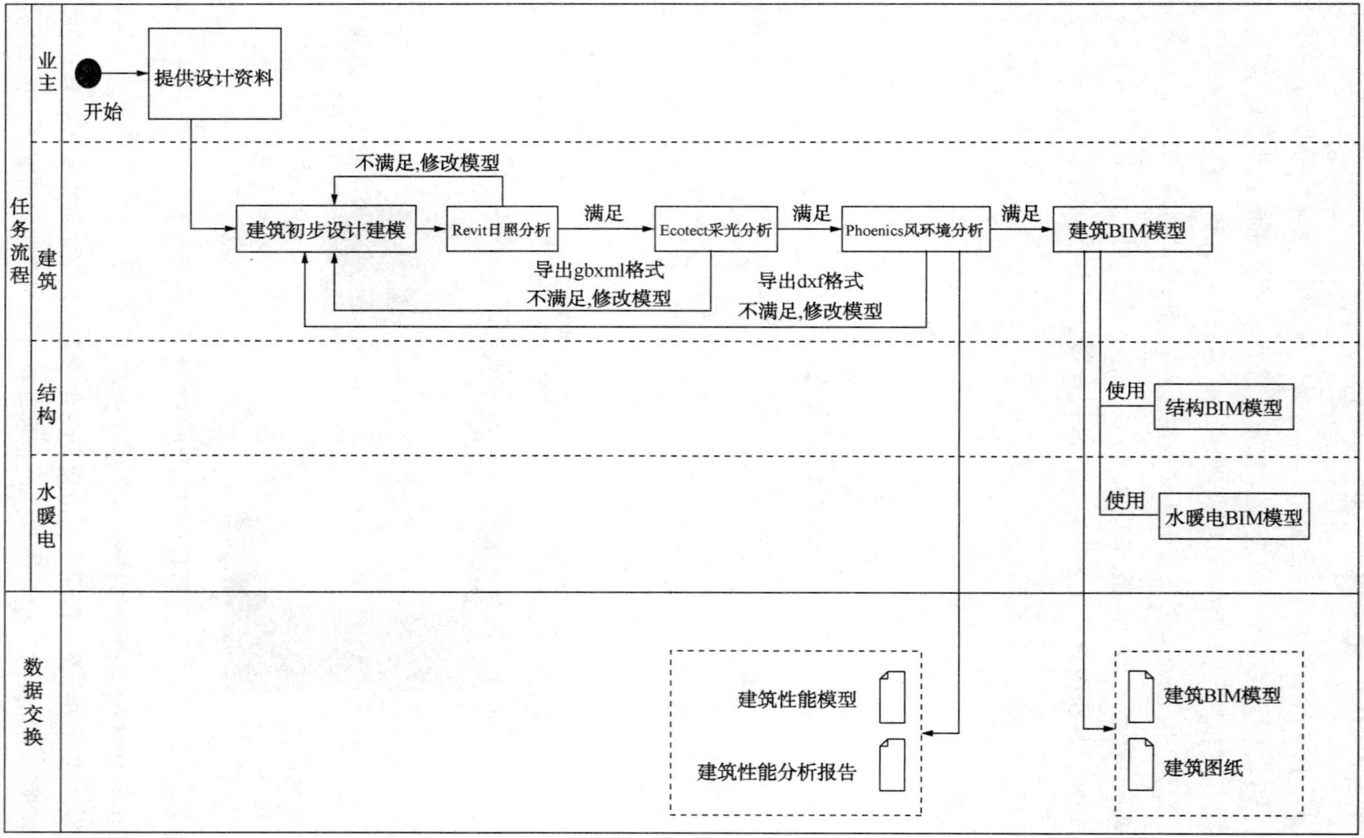

业主
开始
提供设计资料
任务流程
建筑
建筑初步设计建模
Revit日照分析
不满足,修改模型
满足
Ecotect采光分析
导出gbxml格式
不满足,修改模型
满足
Phoenics风环境分析
导出dxf格式
不满足,修改模型
满足
建筑BIM模型
结构
使用
结构BIM模型
水暖电
使用
水暖电BIM模型
数据交换
建筑性能模型
建筑性能分析报告
建筑BIM模型
建筑图纸

图6.1.11　绿色建筑性能分析实施步骤

### 6.1.3 基于 BIM 的结构分析与参数化设计

（1）目前我国结构设计软件多采用 PKPM 完成，但由于 PKPM 与 Revit 模型暂时没有有效手段进行模型互导，因此结构分析仍然需要单独进行建立模型进行计算，但完成计算后的结构 BIM 模型及图纸经结构工程师手动翻模后，可存储于 Revit 软件，并通过该软件进行统一管理，实现 BIM 多专业协同工作。基于 BIM 的结构分析与参数化设计内容包括：利用建筑 BIM 模型进行建筑提资工作，结构工程师进行 PKPM 计算分析，并导出计算书。模型完成后，利用 Revit 软件进行三维模型绘制，进行结构提资，并形成二维平面图纸。同时对于装配式建筑，可利用 Revit 创建参数化族库，实现结构的参数化设计。

（2）基于 BIM 的结构分析与参数化设计基本流程：

① 结构专业根据建筑专业 BIM 模型建立结构 BIM 模型，建立 PKPM 计算模型进行计算，根据计算结果调整结构 Revit 模型，模型应通过变更方式，反馈给其他专业负责人，保证各专业模型的及时更新。

② 对可进行参数化设计的装配式建筑结构，首先在 Revit 中建立标准参数化族库，并根据项目内容进行模拟拼装，拼装完成后 Revit 可自动生成尺寸及数量表、平面图等。交付生产厂家进行深化设计加工，施工现场进行定位拼装。

基于 BIM 的结构分析与参数化设计基本流程示意图见图 6.1.12。

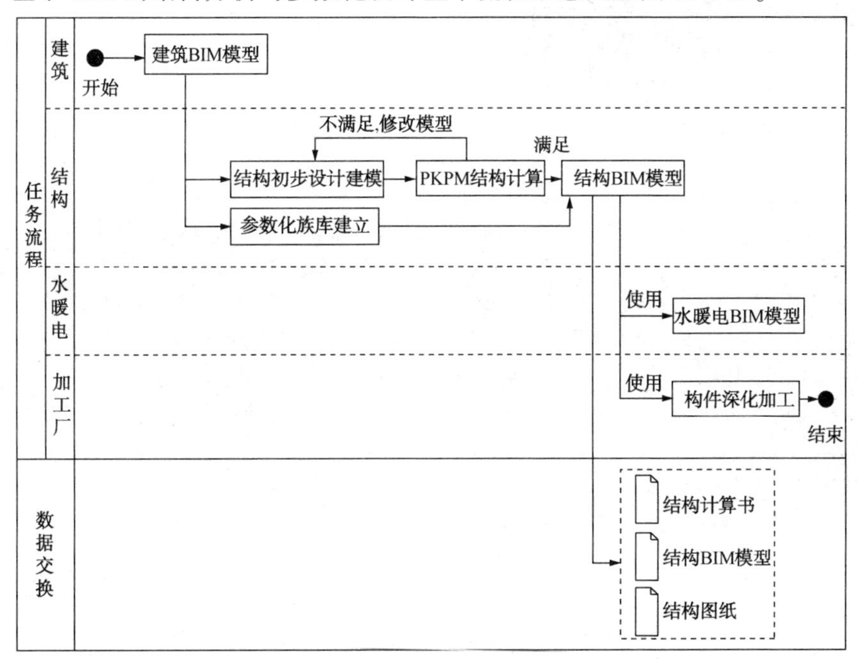


图 6.1.12　结构分析与参数化设计实施步骤

某项目钢筋桁架楼承板参数化设计流程见图 6. 1. 13。

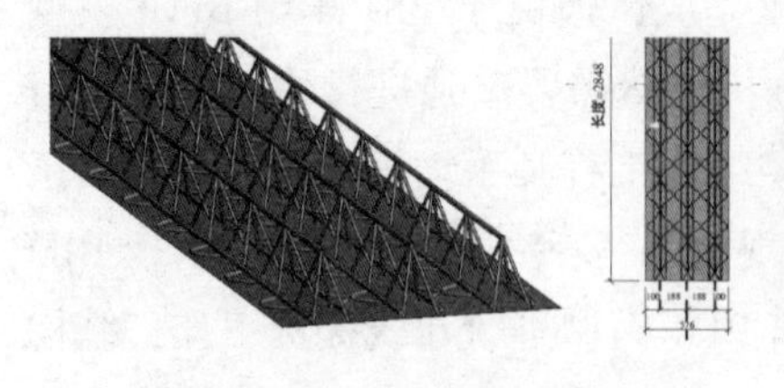

(a)Revit创建钢筋桁架楼承板标准族库

(b)Revit中进行模拟铺板

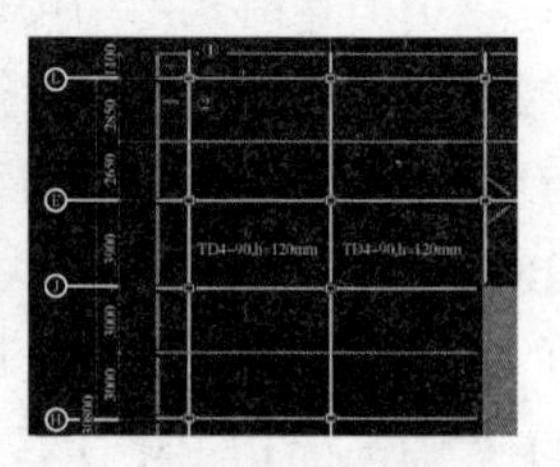

(c)导出铺板方向图

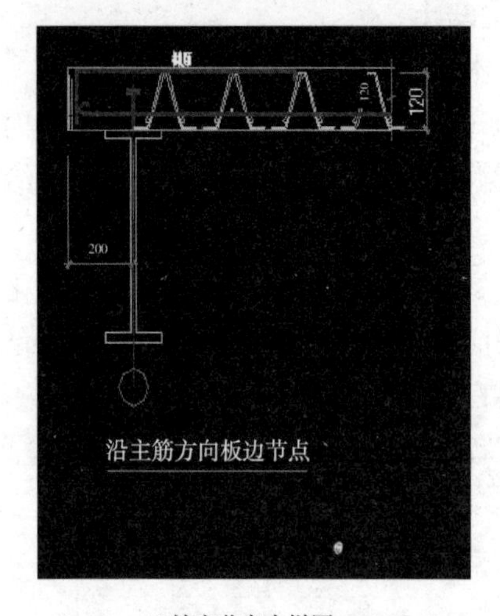


(d)补充节点大样图

(e)在Revit中自动生成楼承板尺寸及数量表

(f)交付生产厂家进行深化设计加工为成品楼承板

(g)施工现场根据Revit进行定位拼装

图 6. 1. 13　基于 BIM 的参数化设计

## 6.2 施工阶段技术管理

### 6.2.1 碰撞检查

(1) 碰撞检查内容

使用 BIM 模型技术改变传统 CAD 的叠图方式，使用防碰撞检查功能，找到项目中管网以及各类构件之间的碰撞之处，通过各专业自查，同时通过链接选项和其他专业进行碰撞检查，从而优化施工图设计方案。为设备及管线预留合理的安装及操作空间，减少占用使用空间。检查前后对比见图 6.2.1～图 6.2.3。

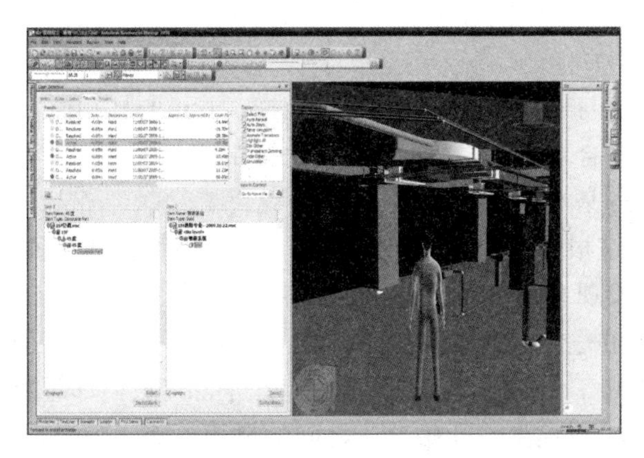

图 6.2.1 某项目碰撞检查过程

(a)调整前

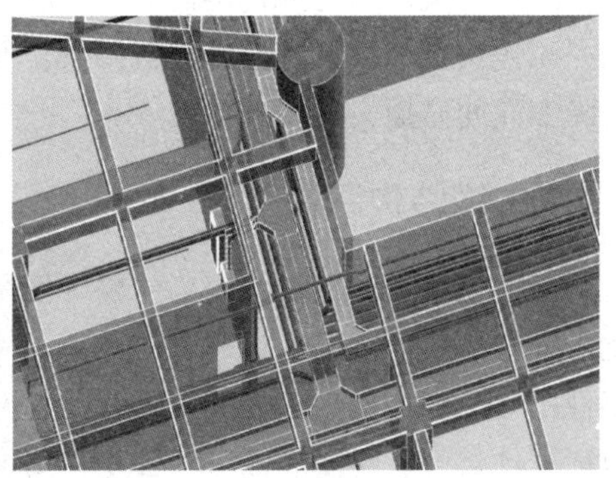

(b)调整后

图 6.2.2 3F 管道井碰撞检查

调整前：管道位于桥架上方，风管与管道相撞，桥架与柱相撞。

调整后：桥架位于管道上方，走廊空间优化排布。

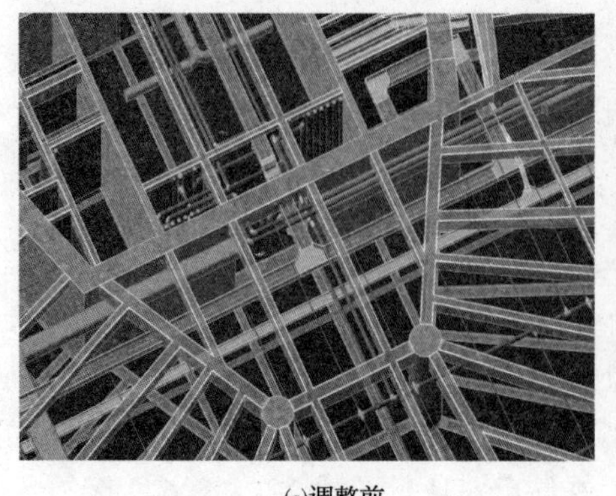
(a)调整前

(b)调整后

图 6.2.3　2F 管道井碰撞检查

调整前：管道与梁相撞，风管与管道相撞，管道与柱相撞。

调整后：管道合理布置，走廊空间优化排布。

（2）碰撞检查基本流程

① BIM 工作室根据各专业设计图纸分别建立模型，并在各自专业内分别运行碰撞检查，如发现有碰撞将会显示报告信息，将报告信息导出，提交计划协调部，由计划协调部提交总包相关部门，总包相关部门负责与设计院沟通进行修改，并反馈给 BIM 工作室进行模型更新，直至消除专业内部碰撞。

② 链接各个专业模型，开始专业之间的碰撞检查，如发现有碰撞将会显示报告信息，将报告信息导出，提交计划协调部，由计划协调部提交总包相关部门，总包相关部门与分包协调商讨解决方案，并将解决方案提交设计院及业主审核，总包负责与设计院沟通进行修改，并反馈给 BIM 工作室进行模型更新，直至消除专业间碰撞，见图 6.2.4。

## 6.2.2　钢结构深化设计

（1）钢结构深化设计内容主要为使用 Tekla Structures 真实模拟进行钢结构深化设计(图 6.2.5)，通过软件自带功能将所有加工详图(包括布置图、构件图、零件图等)利用三视图原理进行投影、剖面生成深化图纸，图纸上的所有尺寸，包括杆件长度、断面尺寸、杆件相交角度均是在杆件模型上直接投影产生的，通过深化设计产生的加工数据清单，直接导入精密数控加工设备进行加工，保证构件加工的精密性及安装精度。同时进行钢结构节点深化设计，保证节点施工安全合理(图 6.2.6)。

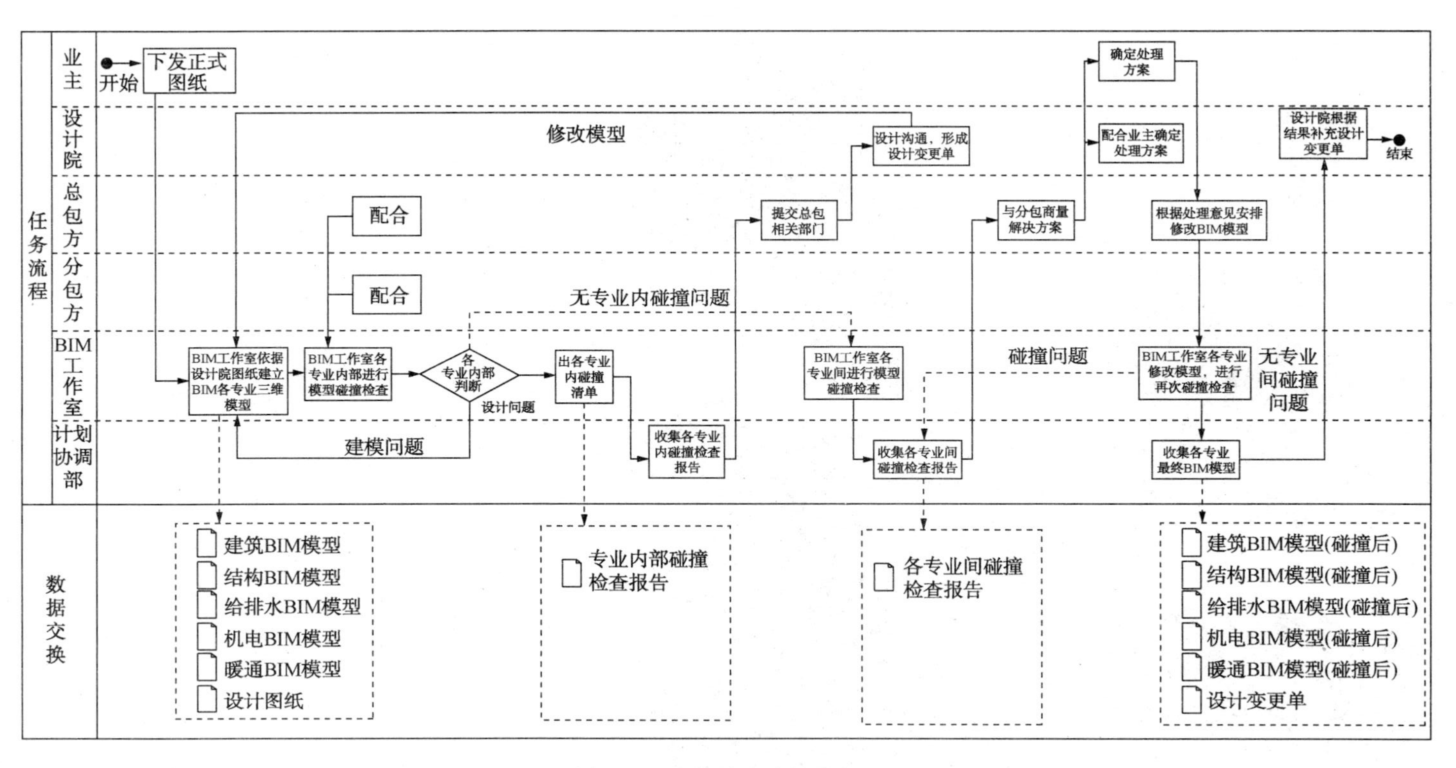


图6.2.4　碰撞检查实施步骤

(a)钢结构Tekla三维模型　　(b)门厅钢结构Tekla三维模型　　(c)Tekla构件节点

图 6.2.5　钢结构深化设计模型

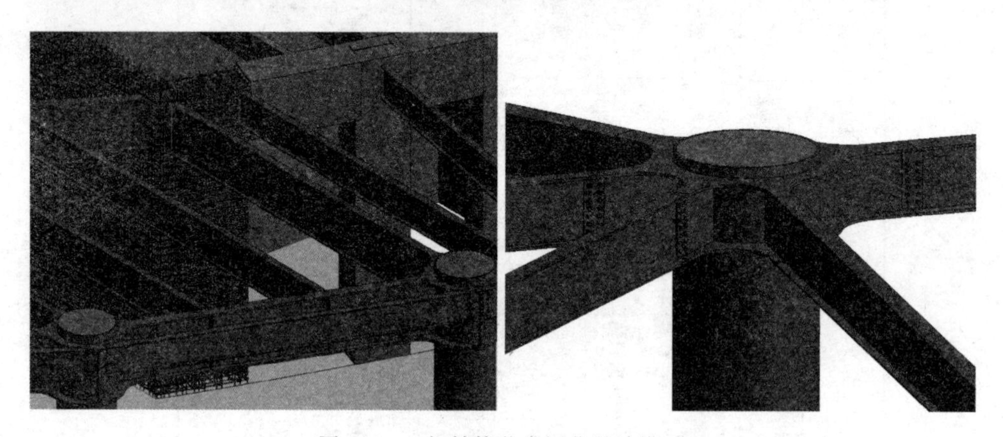

图 6.2.6　钢结构节点深化设计模型

（2）钢结构深化设计三维模型应包括的主要内容见表 6.2.1。

**表 6.2.1　钢结构深化设计模型主要内容**

| 模型内容 | 模型信息 | 备注 |
| --- | --- | --- |
| 轴线 | 结构定位信息 | 几何信息 |
| 结构层数、高度 | 结构基本信息 | |
| 结构分段、分节 | 结构分段、分节位置、标高 | |
| 混凝土结构：主要框架柱、梁、剪力墙布置等 | 钢结构辅助定位信息 | |
| 钢结构零构件模型 | 具体结构批次的所有零构件模型 | |
| 结构批次 | 项目结构批次信息，通过构件状态信息进行区分 | 附加信息 |
| 钢结构零构件清单 | 具体结构批次的所有零构件详细清单，包含零件号、构件号、材质、数量、毛重、表面积等 | |

(3) 钢结构深化设计基本流程，如图 6.2.7 所示。

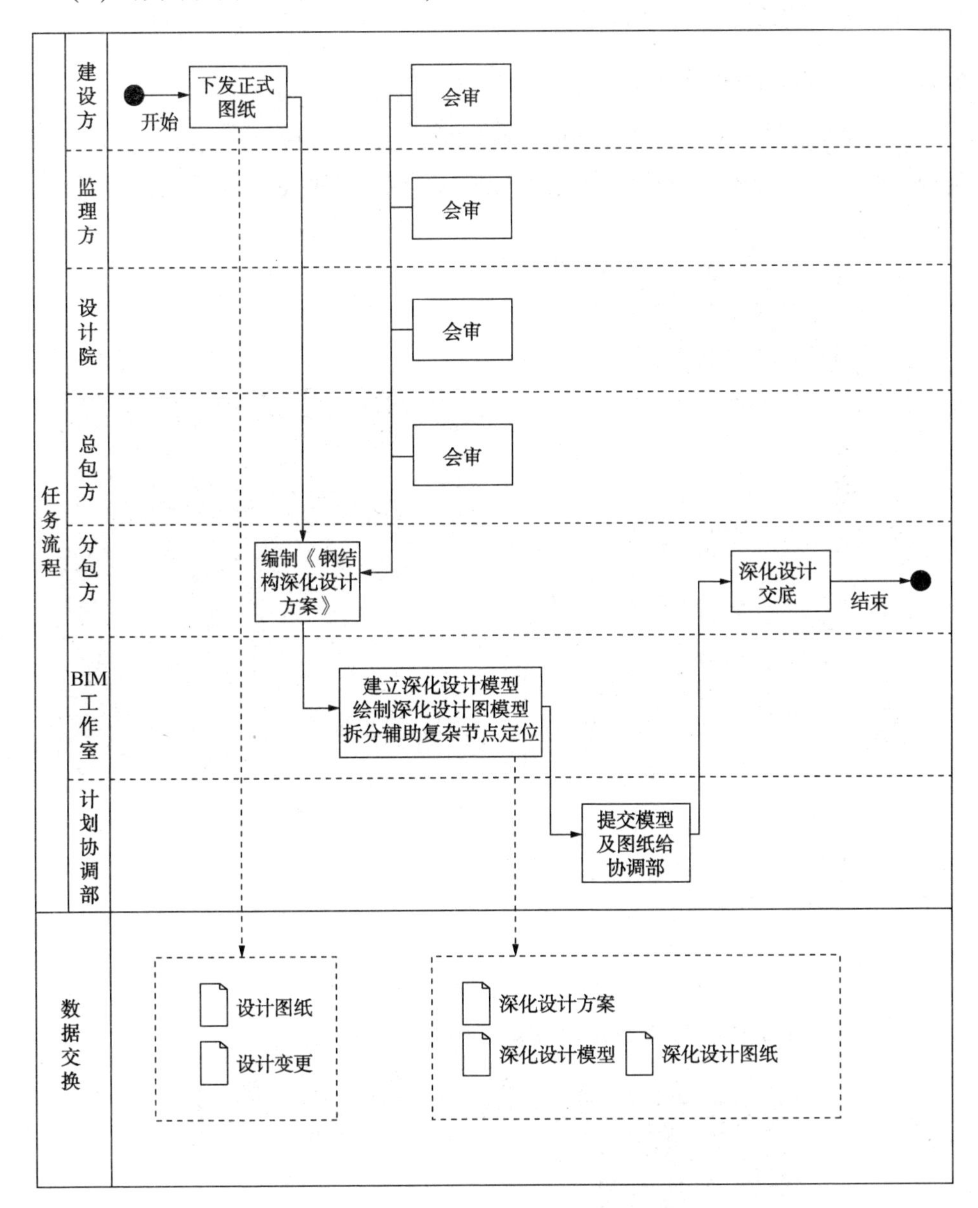


图 6.2.7　钢结构深化设计实施步骤

① 由钢结构分包编制钢结构深化设计方案并组织开展深化设计工作。

② 建设方、监理、设计院、总承包等相关专业进行方案会审。

③ 钢结构分包提交最终方案给 BIM 工作室，由 BIM 工作室负责完成深化设计模型。

④ 总承包单位及设计院进行复核。

⑤ 符合要求后，下发审批图纸。

### 6.2.3　管线综合深化设计

（1）管线综合深化设计应在碰撞检查基础上完成，具体内容包括机电穿结构预留洞口深化设计，综合空间优化，公用支吊架设计等，如图 6.2.8~图 6.2.10 所示。

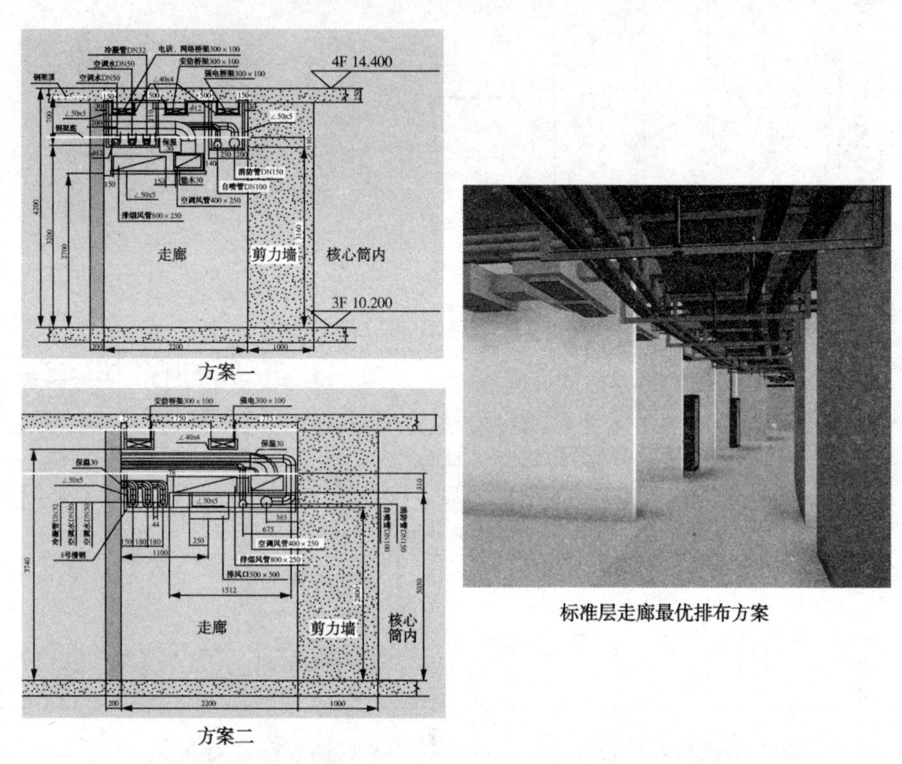


图 6.2.8　某工程标准层走廊综合空间优化实施过程

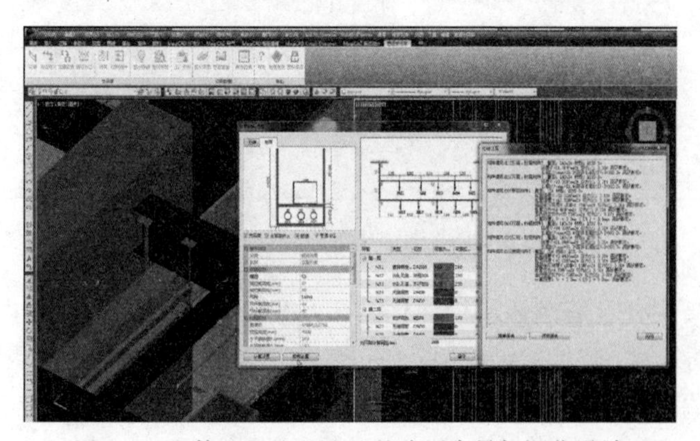

图 6.2.9　某工程基于 BIM 的公用支吊架深化设计

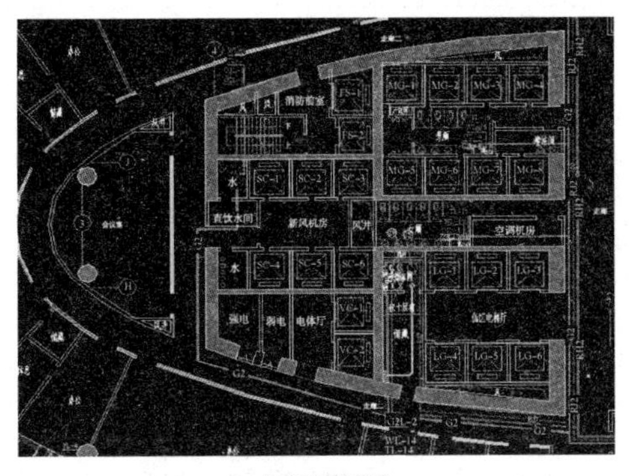

(a)原设计图纸

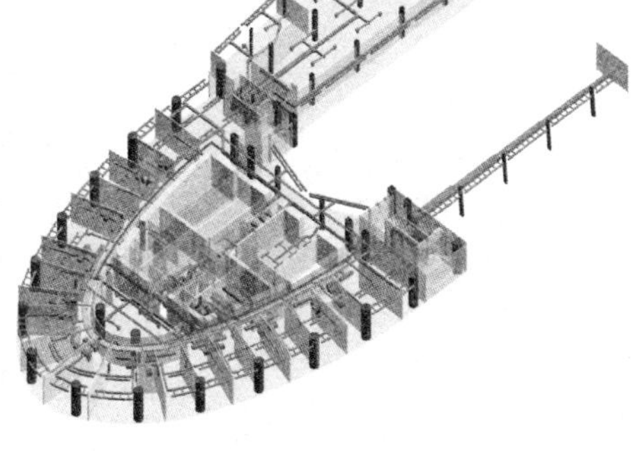

(b)深化后BIM模型

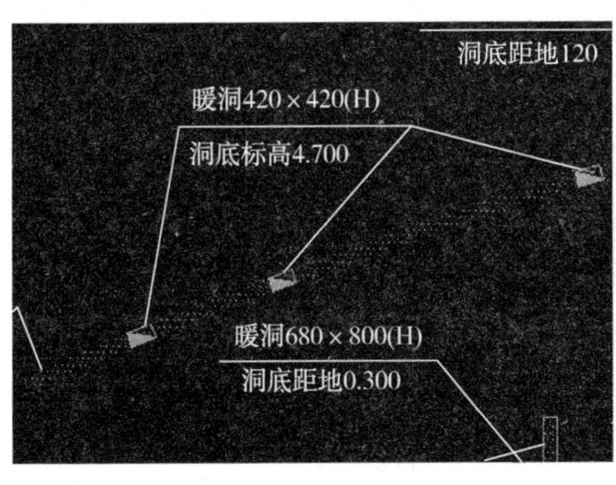


(c)预留洞口图

(d)现场实施照片

图 6.2.10　某工程机电穿结构预留洞口深化设计

（2）管线综合深化设计三维模型应包括的主要内容见表 6.2.2。

**表 6.2.2　机电专业深化设计模型主要内容**

| 模型内容 | 模型信息 | 备注 |
|---|---|---|
| 大型设备 | 基本形状，准确尺寸 | 几何信息 |
| 水管道(给排水、消防) | 管道至末端，标高、坡度 | |
| 水管管件(弯头、三通) | 近似形状 | |
| 水管附件(阀门、过滤器、清扫口) | 近似形状 | |
| 计量仪表、喷头 | 近似形状 | |
| 设备基础 | 基本形状，准确尺寸 | |
| 技术信息 | 材料和材质信息、施工方式、设备采购信息 | 附加信息 |
| 维保信息 | 使用年限、保修年限、维保单位 | |

续表

| 模型内容 | 模型信息 | 备注 |
| --- | --- | --- |
| 暖通专业 | | |
| 大型设备 | 基本形状，准确尺寸 | 几何信息 |
| 暖通风管、水管 | 管道至末端，标高、坡度 | |
| 风管管件(风管连接件、三通、四通、过渡件等) | 近似形状 | |
| 风管末端(风口) | 管道至末端 | |
| 水管管件(弯头、三通等) | 近似形状 | |
| 水管附件(阀门、过滤器、清扫口) | 近似形状 | |
| 支吊架 | 基本形状，准确尺寸 | |
| 技术信息 | 材料和材质信息、施工方式、设备采购信息 | 附加信息 |
| 维保信息 | 使用年限、保修年限、维保单位 | |
| 电气专业 | | |
| 大型设备/电箱 | 基本形状，准确尺寸 | 几何信息 |
| 电气桥架、线槽、母线等 | 桥架等有准确标高 | |
| 支吊架、设备基础 | 基本形状，准确尺寸 | |
| 照明设备、灯具 | 示意位置 | |
| 开关/插座 | 示意位置 | |
| 报警设备 | 示意位置 | |
| 技术信息 | 材料和材质信息、施工方式、设备采购信息 | 附加信息 |
| 维保信息 | 使用年限、保修年限、维保单位 | |

(3) 管线综合深化设计基本流程，如图 6.2.11 所示。

① 设计院根据碰撞结果补充设计变更单。

② 分包方联系设备厂家确定设备型号、尺寸等。

③ BIM 工作室在碰撞检查基础上进行管线尺寸确定、空间位置确定、绘制机房安装大样、结构预留洞口、管线综合剖面图绘制、公用支吊架设计等。并将结果提交计划协调部。

④ 总承包单位进行审核，通过后为各分包下发深化图纸，并完成交底工作。

⑤ BIM 工作室进行机电专业工程量统计。

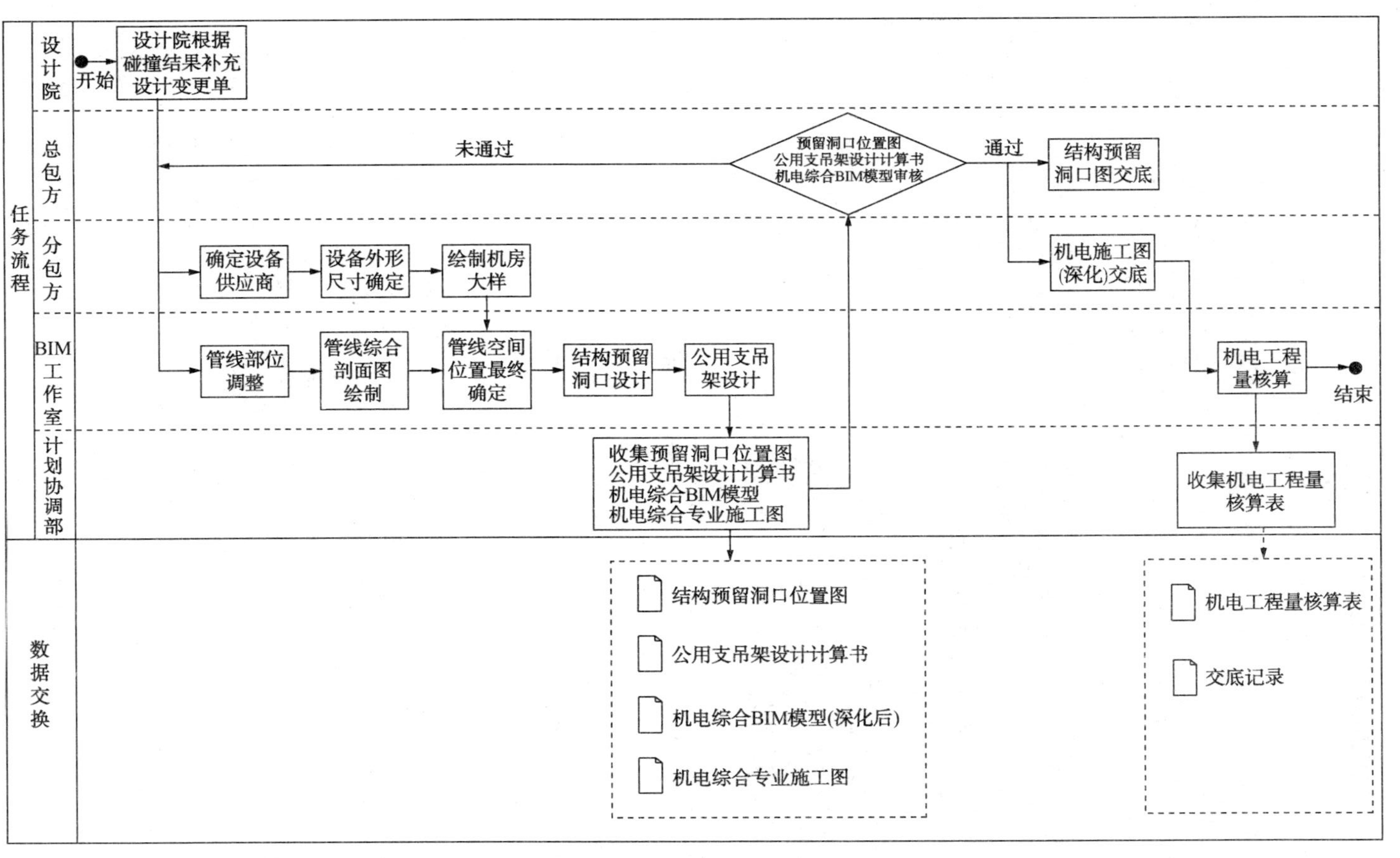


图6.2.11　机电专业深化设计实施步骤

### 6.2.4 砌体工程深化设计

(1) 砌体工程深化设计的内容是：利用 BIM 技术实现自动排砖图纸的深化。在依照相应规范深化完成后，电脑对每一层的砌体量进行准确统计，快速准确提取砌体总量以及单层用量，提取每一层的具体部位的使用数量，自动形成备料单，如图 6.2.12 所示。节省现场工程师对每一层砌体量的预估，基本杜绝因为估量不准确引起的二次倒料问题。

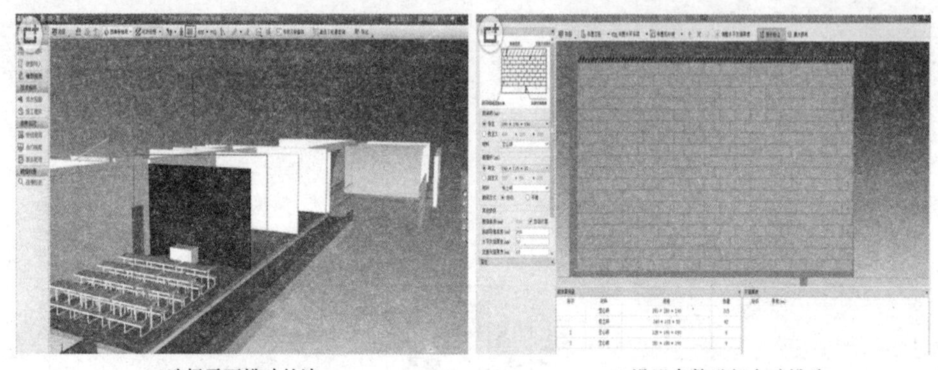

(a)选择需要排砖的墙　　(b)设置参数进行自动排砖

图 6.2.12　自动排砖实施过程

(2) 砌体工程深化设计基本流程，如图 6.2.13 所示。

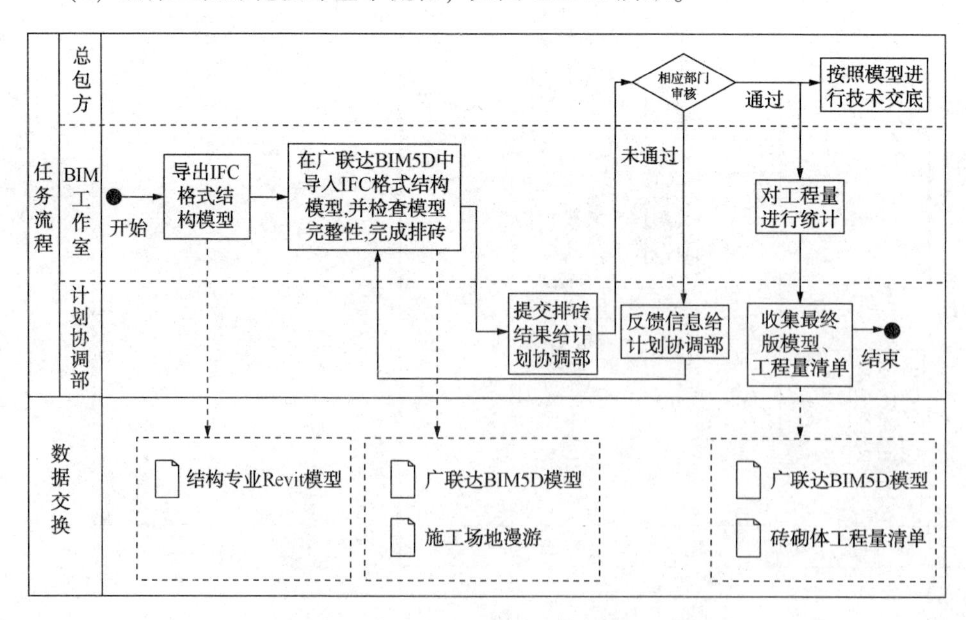


图 6.2.13　砌体工程深化设计实施步骤

① BIM 工作室将 Revit 结构模型以 IFC 格式导出。

② 利用广联达 BIM5D 导入 IFC 格式结构模型。

③ 在广联达 BIM5D 中进行自动排砖，并将结果提交计划协调部。

④ 总承包单位进行审核，并完成交底工作。

⑤ BIM 工作室进行砖数量统计。

### 6.2.5　复杂部位技术交底

（1）复杂部位技术交底内容，包括通过 BIM 技术指导编制专项施工方案，直观对钢结构节点复杂工序进行分析，对节点板及螺栓进行精确定位，对关键复杂的劲性钢结构与钢筋的节点进行放样分析，解决钢筋绑扎、顺序问题，指导现场钢筋绑扎施工。将复杂部位简单化、透明化，提前模拟方案编制后的现场施工状态(图 6.2.14)，对现场可能存在的危险源、安全隐患、消防隐患等提前排查，对专项方案的施工工序进行合理排布。

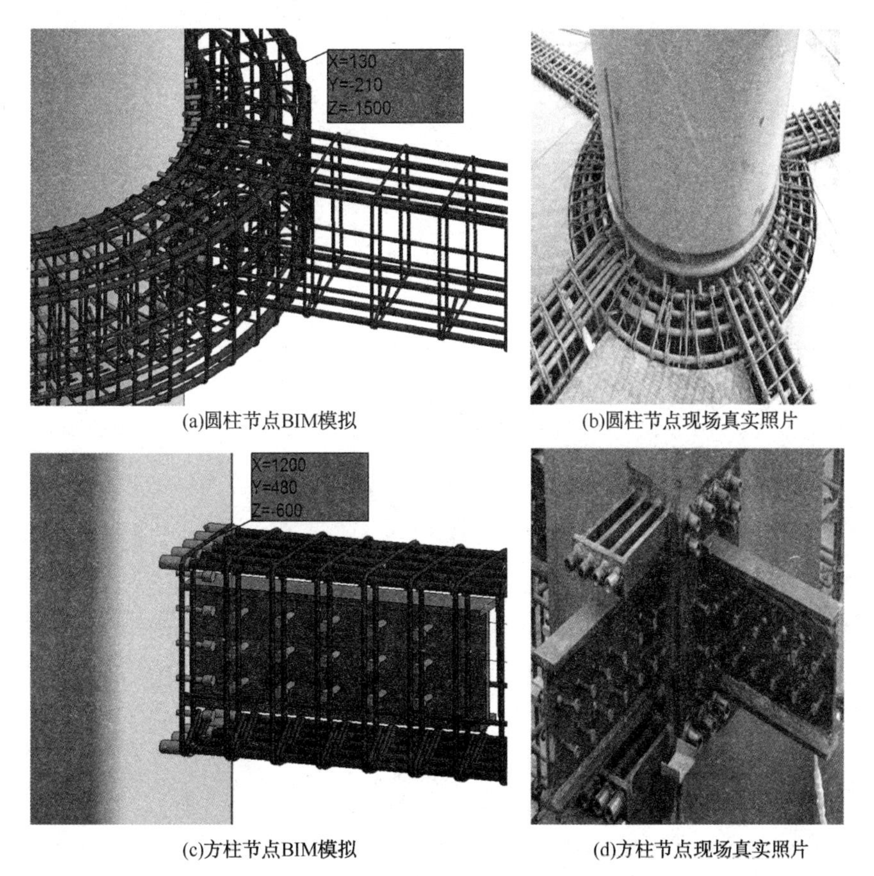

(a)圆柱节点BIM模拟　(b)圆柱节点现场真实照片

(c)方柱节点BIM模拟　(d)方柱节点现场真实照片

图 6.2.14　结构节点复杂工序及节点定位模拟

(2) 复杂部位技术交底模型应达到施工深化设计水平，包括的主要内容见表6.2.3。

**表6.2.3　复杂部位技术交底模型主要内容**

| 模型内容 | 模型信息 | 备　注 |
|---|---|---|
| 复杂部位 | 几何尺寸 | 几何信息 |
| | 定位信息 | |
| | 详细配筋模型 | |
| | 各部分的连接方式 | |
| | 其他需要的非几何信息 | 附加信息 |

(3) 复杂部位技术交底基本流程，如图6.2.15所示。

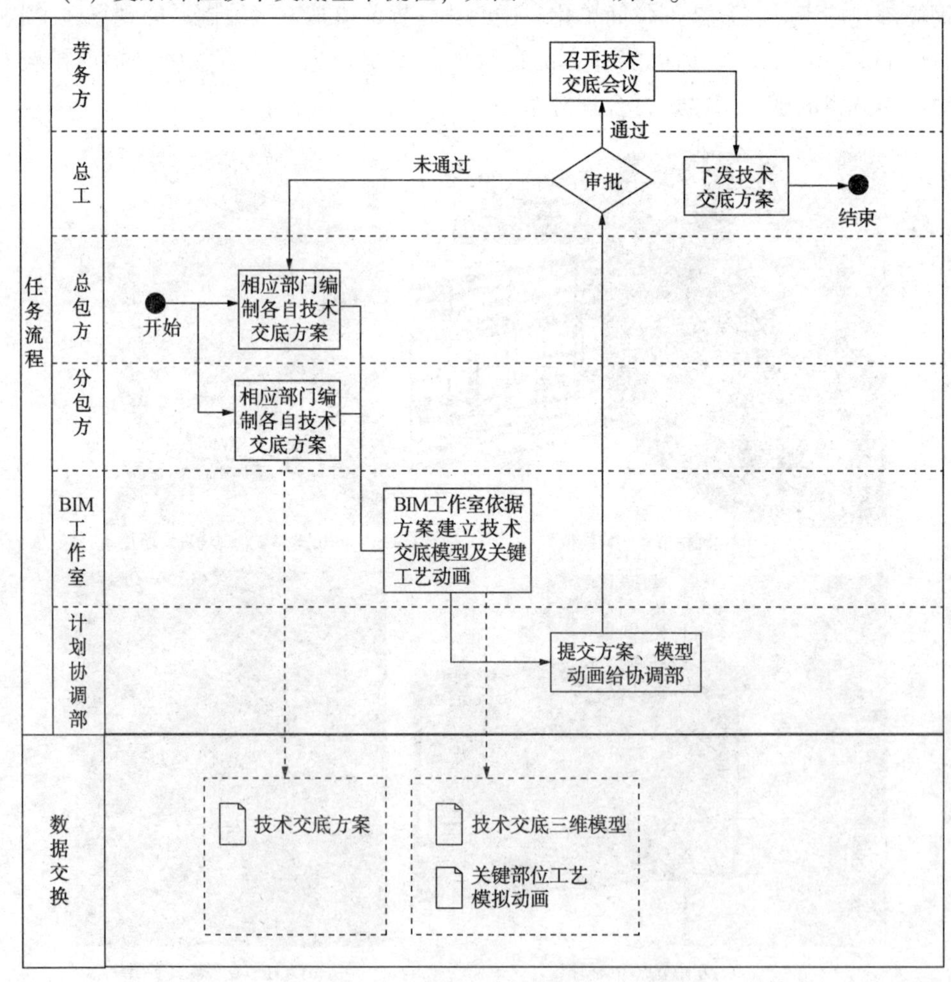


图6.2.15　复杂部位技术交底实施步骤

① 总包、分包相关技术部门编制各自技术交底方案。

② BIM 工作室依据方案建立技术交底模型及关键部位施工工艺动画，完成后提交给计划协调部。

③ 计划协调部将方案、模型、动画进行整理后提交总工审批。

④ 通过后组织各方召开技术交底会议。

⑤ 由总包下发技术交底方案。

## 6.3 施工阶段安全管理

依据 5.4.8 节专业信息模型应用清单划分，本章将详细叙述施工阶段安全管理的内容及方法。

### 6.3.1 办公与生活临时设施管理

(1) 办公与生活临时设施管理实施内容主要为统筹安排各分包方所需的办公与生活临时设施，包括办公室、宿舍、食堂等，如图 6.3.1 所示。

(a)办公区方案讨论阶段BIM模型

(b)办公区最终BIM模型

图 6.3.1 某工程办公区布置方案讨论

(2) 办公与生活临时设施管理实施步骤

① 为满足公共与生活临时设施布置、调整及优化便捷准确的要求，项目前期需要依据陕西建工集团标识，完善常用的办公与生活临时设施模型族库，见表6.3.1。完成后可保存在如下文件夹中，以便以后项目的随时调用。

■××项目 BIM 资源文件

■族库

■建筑专业

■办公与临时设施模型

**表 6.3.1　办公与生活临时设施模型族库**

| 序号 | 类别 | 模型名称 | 参数要求 |
|---|---|---|---|
| 1 | 办公楼 | 单层办公楼 | 办公室个数及尺寸可以调整 |
| 2 | | 双层办公楼 | |
| 3 | 门牌 | 办公室 | 门牌大小、材质、文字可以调整 |
| 4 | | 会议室 | |
| 5 | | 卫生间 | |
| 6 | | BIM 工作室 | |
| 7 | | 资料室 | |
| 8 | 宿舍 | 单层宿舍 | 宿舍个数及尺寸可以调整 |
| 9 | | 双层宿舍 | |
| 10 | 食堂 | 食堂 | 食堂尺寸可以调整 |

② 总包方现场施工人员利用施工图纸规划出《办公与临时设施平面布置图》，并将二维图纸及时提供给 BIM 工作室，BIM 工作室应与现场施工人员进行沟通，依据项目需求，利用BIM 技术对办公区和生活区进行初步规划，选出最优方案进行现场布置。

③ 模型完成后提供给计划协调部，分包进场时由计划协调部及时与分包沟通，提出使用申请，并提交总包相应部门审核，由项目经理审批。

④ 经审批后，计划协调部结合建好的布置模型可快速对其作出合理安排以及相关调整，如图 6.3.2 所示。

⑤ 为快捷对办公室及宿舍等设施进行统筹管理，随时对办公与宿舍等设施使用情况进行查询，计划协调部应根据使用情况在 BIM 模型中进行标识。见表6.3.2。

**表 6.3.2　设施使用情况标识**

| 使用状态 | 颜　色 | 附加信息 |
|---|---|---|
| 未使用 | 绿色 | 可使用人数 |
| 已使用，且人数已满 | 红色 | 已使用人数 |
| 已使用，且人数未满 | 橙色 | 已使用人数，还可使用人数 |

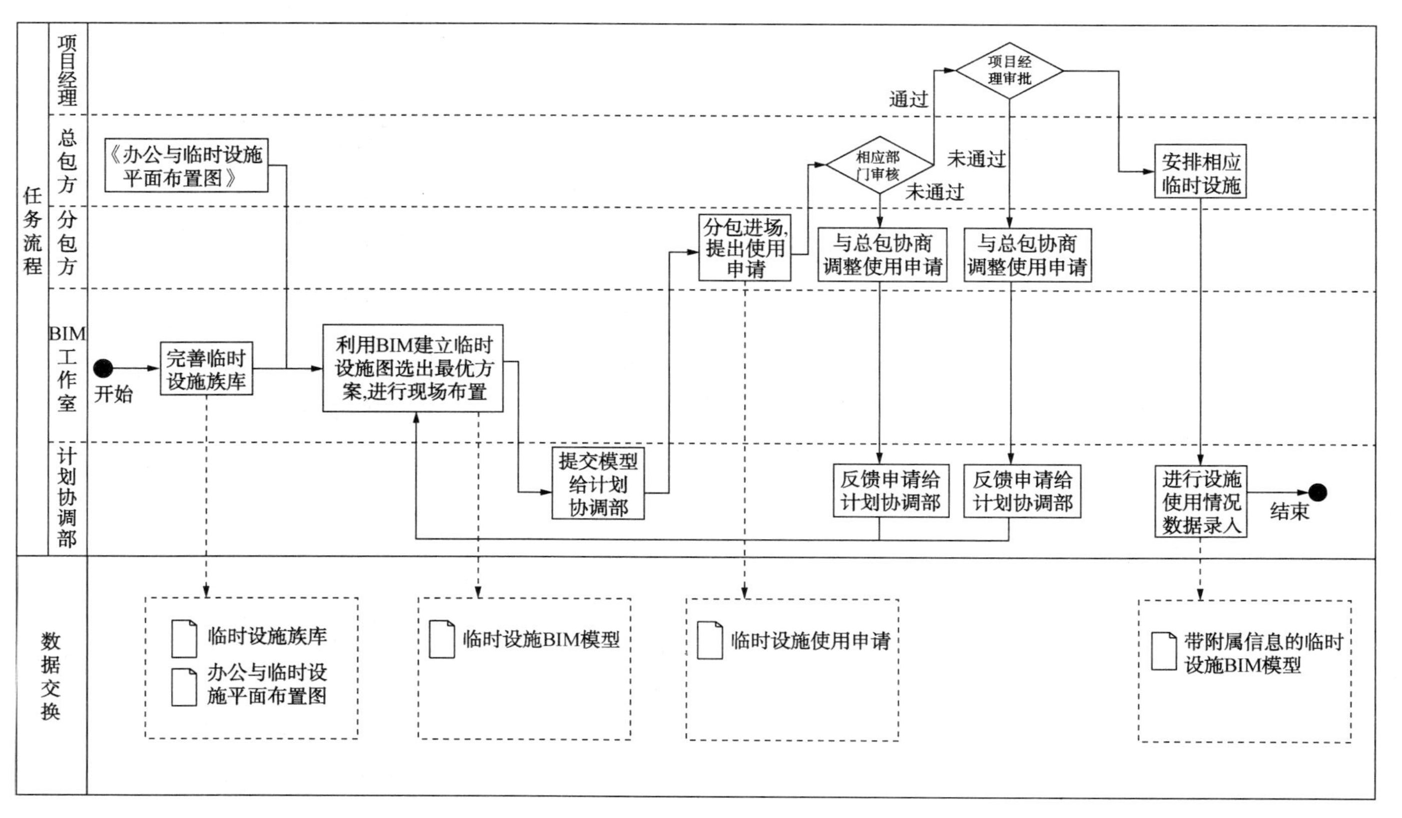


图6.3.2 办公与生活临时设施管理实施步骤

## 6.3.2 施工平面布置

(1) 施工平面布置内容包括施工现场主要出入口、临时施工道路、临水临电、材料堆场、大型机械占位等的布置。总包应对布置方案进行评估对比，选出最优方案，完成工地整体布局三维模拟，解决现场施工场地平面布置问题，解决现场场地划分问题，按安全文明施工方案的要求进行修整和装饰；临时施工用水、用电、道路按施工要求标准完成(需机电暖通专业配合)；为使现场使用合理，施工平面布置应有条理，尽量减少占用施工用地，使平面布置紧凑合理，同时做到场容整齐清洁，道路畅通，符合防火安全及文明施工的要求，如图6.3.3所示。施工过程中避免多个工种在同一场地、同一区域进行施工而相互牵制、相互干扰。

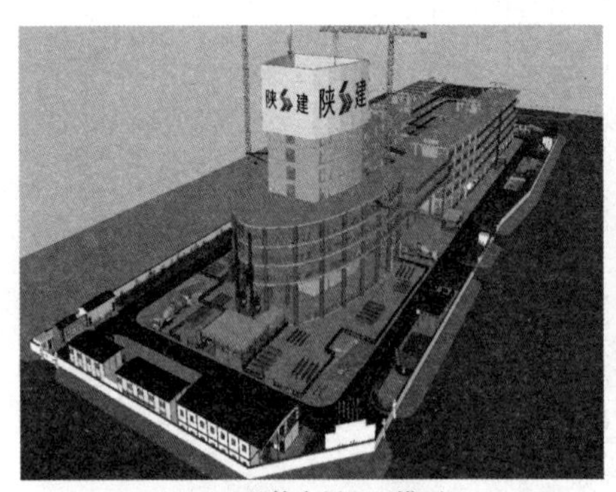


(a)工地整体布局BIM模型

(b)工地整体布局照片

(c)安装加工棚三维模拟

(d)安装加工棚实景照片

图6.3.3 某项目施工平面布置

(2) 施工平面布置与绿色施工实施步骤

① 为满足施工平面布置并且使调整优化便捷准确的要求，项目前期需要依据陕西建工集团标识，完善常用的施工设备及设施模型族库，见表6.3.3。完成

后可保存在如下文件夹中，以便后续项目的随时调用。

×× 项目 BIM 资源文件

族库

建筑专业

办公与临时设施模型

**表 6.3.3　施工设备及设施模型族库**

| 类别 | 模型名称 | 参数要求 |
| --- | --- | --- |
| 起重机 | 锤头塔式起重机 | 标定起重力矩、工作幅度、最大起重量、起升高度等 |
| | 平头塔式起重机 | |
| | 动壁塔式起重机 | |
| 混凝土机械 | 混凝土搅拌车 | 几何容积、搅动容积、填充率、搅拌筒倾角 |
| | 混凝土布料机 | 最大布料半径、独立高度、臂架回转角度、整机重量 |
| 垂直运输机械 | 双笼施工电梯 | 额定载重量、额定提升速度、最大提升高度、空间尺寸、电源功率、标准节质量、重量 |
| | 单笼施工电梯 | |
| 大门 | 门楼式大门 | 大门尺寸 |
| 围墙 | 围墙 | 围墙外形尺寸 |
| 附属设施 | 喷淋、路灯、安全栏杆 | 具备基本外形尺寸 |
| 配电设施 | 一级配电箱 | 具备基本外形尺寸 |
| | 二级配电箱 | |
| | 配电房 | |
| | 变压器房 | |
| CI 形象 | 品牌布等 | 具备基本外形尺寸 |
| 消防设施 | 消火栓 | 具备基本外形尺寸 |
| | 消防墙 | |
| | 灭火器 | |
| 加工棚 | 木工加工棚 | 具备车间尺寸参数可调 |
| | 钢筋加工棚 | |

② 总包方现场施工人员利用施工图纸规划出《施工平面布置图》，并将二维图纸及时提供给 BIM 工作室，BIM 工作室应与现场施工人员进行沟通，依据项目需求，利用 BIM 软件，建立不同施工阶段的施工现场布置模型，模型应该包括：土建结构、钢结构、施工道路、周围主要建筑外轮廓。

③ 利用 BIM 软件统计各阶段相关工程量，包括钢筋用量、混凝土用量、钢结构用量，对现场的施工材料堆场进行初步规划，如图 6.3.4 所示。

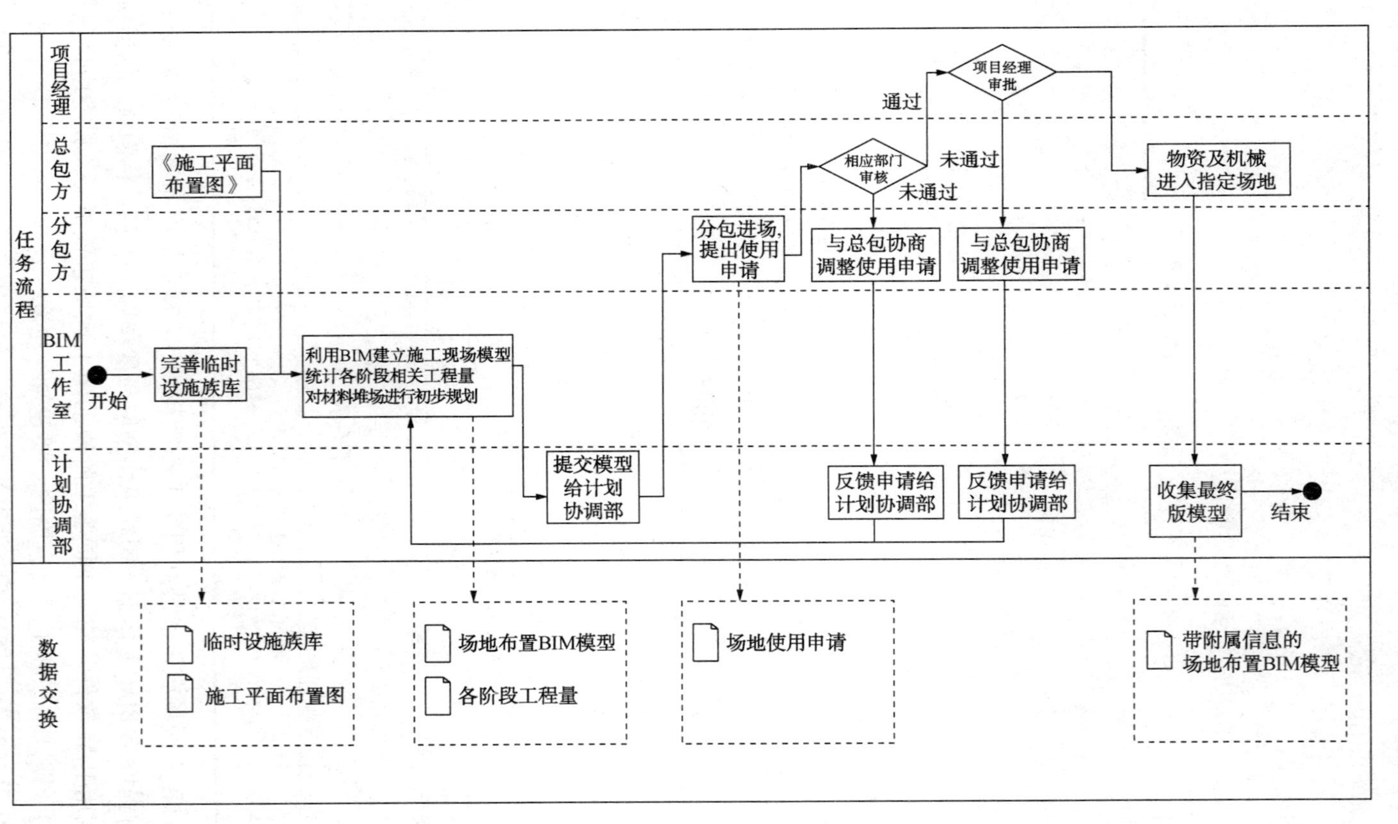


图6.3.4 施工平面布置与绿色施工实施步骤

④ 在已建立的现场环境中，放置相关堆场及施工设备，通过 Navisworks 软件进行施工模拟、对比优化，从而选定设备型号及布置位置，选出最优方案进行现场布置。

⑤ 模型完成后提供给计划协调部，分包进场时由计划协调部及时与分包沟通，提出设施使用申请，并提交总包相应部门审核，由项目经理审批。

⑥ 经审批后，分包物资及机械进入指定场地。

⑦ 当分包方有大宗物资及大型机械进场、场地需要超期使用等申请要求时，计划协调部可依据布置方案模型进行快速方案模拟，从而制定出最合理的方案。

### 6.3.3 施工工作面协调

(1) 施工工作面协调内容包括基于 BIM 的施工工序模拟技术和碰撞检查技术，在保证质量及安全的前提下，兼顾进度成本及各方利益，进行施工工序与工作面协调，关注复杂区域的深化设计、大型设备和构件就位协调工作，避免各工序之间的碰撞问题。

(2) 施工平面布置与绿色施工实施步骤，如图 6.3.5 所示。

① 总包方提前一周向各分包方收集各施工工序的工作面需求，并统计为表格，见表 6.3.4。

**表 6.3.4 分包方工作面需求统计表**

| 序号 | 需求方 | 任务 | 工作面位置 | 工序需求 | 时间段 | 开始日期 | 完成日期 |
|---|---|---|---|---|---|---|---|
| 1 | | | | | | | |
| 2 | | | | | | | |
| … | | | | | | | |

② 总包相关部门利用该表格工序的工作面需求，按照工序的时间顺序，规划出《施工工作面布置图》，并将二维图纸及时提供给 BIM 工作室，BIM 工作室应与现场施工人员进行沟通，依据项目需求，利用 BIM 软件进行建模并进行工作面的碰撞检查。

③ 将模型及碰撞报告及时提交计划协调部，总分包对各工序时间进行协调，消除工作面碰撞。

④ 计划协调部应及时通知 BIM 工作室进行修改，BIM 工作室利用 Navisworks 软件生成模拟动画，提交给计划协调部，并提交总包相应部门审核。

⑤ 经审核后，由计划协调部将各阶段布置方案及动画给相关分包交底，确保现场工作合理有序进行。

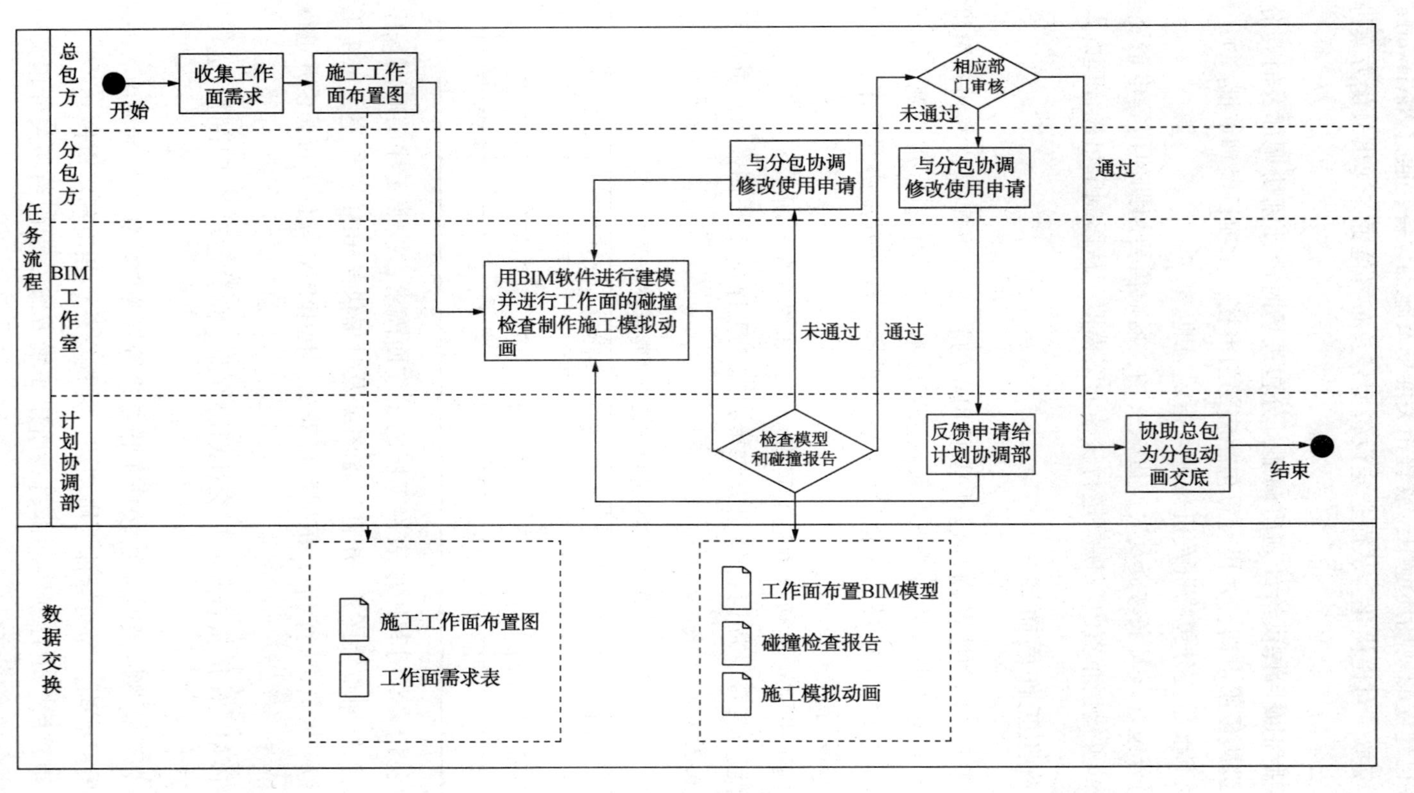


图6.3.5　施工工作面协调

### 6.3.4　安全防护设施布置

（1）安全防护设施布置内容包括在进行施工平面整体布置的基础上，对安全通道口、楼梯口、预留洞口和临边安全防护进行布置，在楼层临边搭设防护栏杆，安装挡脚板等，如图 6.3.6 所示。同时，统计栏杆数量，在 BIM 模型中做好检查记录，保证人员通行安全。

(a)安全通道三维模拟

(b)安全通道实景照片

(c)安全防护栏三维模拟

(d)安全防护栏实景照片

图 6.3.6　某项目安全防护设施布置

（2）安全防护设施布置实施步骤，如图 6.3.7 所示。

① 为满足安全防护设施布置并且使调整优化便捷准确的要求，项目前期需要依据陕西建工集团标识，完善常用的安全防护族库，见表 6.3.5。完成后可保存在如下文件夹中，以便以后项目的随时调用。

××项目 BIM 资源文件

族库

建筑专业

安全防护设施模型

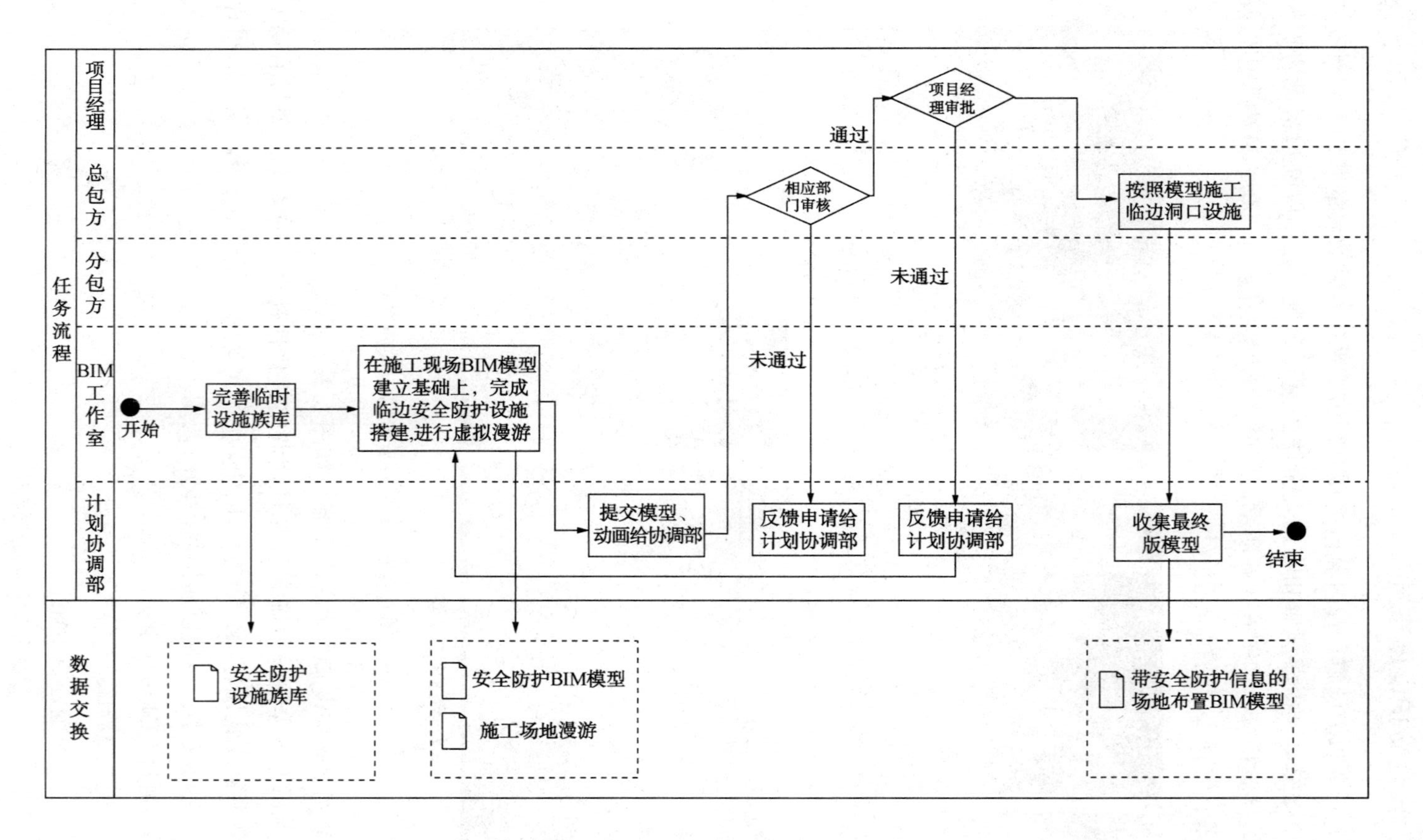


图6.3.7　安全防护设施布置实施步骤

**表 6.3.5　安全防护设施模型族库**

| 序号 | 类别 | 模型名称 | 参数要求 |
| --- | --- | --- | --- |
| 1 | 安全防护 | 安全防护栏 | 具备尺寸参数可调 |
|  |  | 安全防护网 | 具备尺寸参数可调 |

② BIM 工作室应与现场施工人员进行沟通，依据项目需求，利用 BIM 软件，在施工平面布置模型基础上进行细化，完成安全防护设施搭建。

③ 在已建立的现场环境中，通过 Navisworks 软件进行虚拟漫游，保证所有临边洞口均做好防护措施。

④ 模型及漫游动画完成后提供给计划协调部，并提交总包相应部门审核，由项目经理审批。

⑤ 经审批后，按照模型要求完成临边洞口安全防护设施布置。

## 6.4　施工阶段进度管理

依据 5.4.8 节专业信息模型应用清单划分，本章将详细叙述施工阶段进度管理的内容及方法。

### 6.4.1　进度计划

（1）进度计划实施内容为建立结构专业 BIM 模型，通过结合 Project 或其他项目管理软件编制而成的施工进度计划，直观将 BIM 模型与施工进度计划关联起来，自动生成虚拟建造过程，通过对虚拟建造过程的分析，及时发现施工过程中的问题，合理的调整施工进度，得到最优模型，指导现场施工，见图 6.4.1 和图 6.4.2。进度计划提交应至少比实际施工进度提前一个月完成，便于施工查阅和修改。

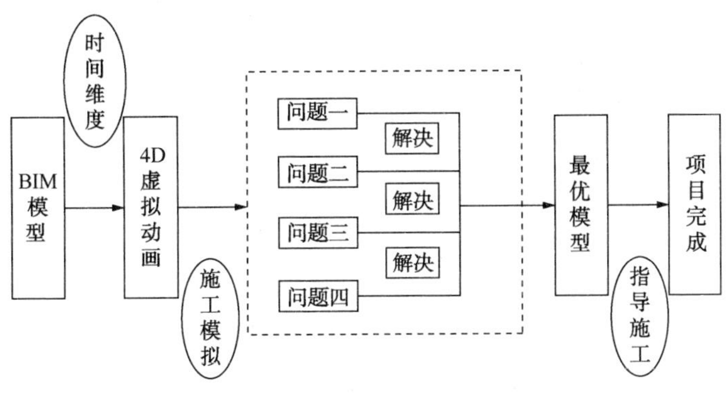


图 6.4.1　进度计划控制流程图

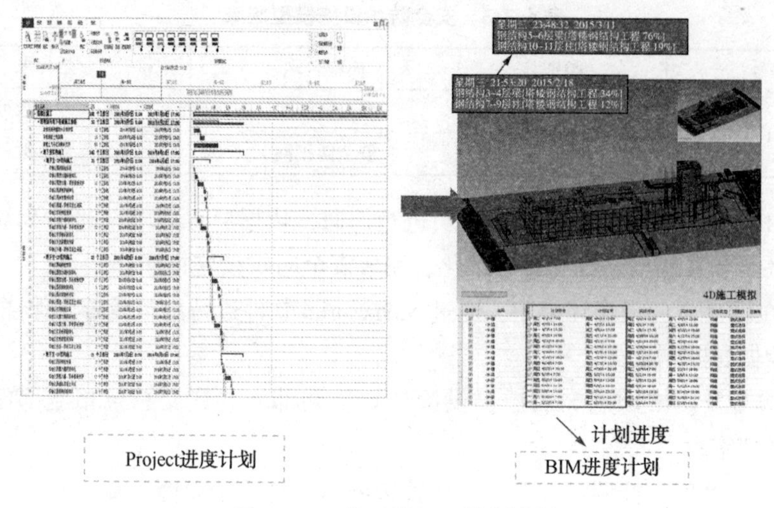


图 6.4.2　某工程 BIM 进度计划

（2）进度计划模拟实施步骤，如图 6.4.3 所示。

① 总包相关部门编制总进度计划工作清单提供给 BIM 工作室。

② BIM 工作室依据 Revit 模型导出 Revit 数据至 Excel 表格，对各阶段工作量进行估算，将工程量数据提交给计划协调部。

③ 计划协调部提交工程量数据给总包相关部门，总包相关部门将数据输入进度计划软件中，设置施工定额，进行工作持续时间估算。编制 Project 计划草案，将结果反馈给 BIM 工作室，并提交监理及业主审核。

④ BIM 工作室利用 Navisworks 进行模型与进度计划匹配，制作施工进度模拟，直观检查安排是否合理。

⑤ 利用施工模拟动画及 Project 计划共同进行总进度计划交底，在会议上进行讨论，达成一致意见，修改总进度计划及施工模拟，形成最终版 Project 计划。

⑥ 总包相关部门将总进度计划进行分解，编制阶段进度计划。方法同总进度计划。

⑦ 在进度会议上进行进度计划的协调工作时，利用施工模拟等辅助沟通，快速完成工作面交接。

## 6.4.2　进度控制

（1）进度计划实施内容为通过 BIM 技术模拟，直观显示计划进度与实际进度的对比。规定红色代表延迟的工程进度，绿色代表按时完工工程进度，见图 6.4.4。施工进度模型应在施工完成后一周内及时更改，便于甲方及监理查阅模型。

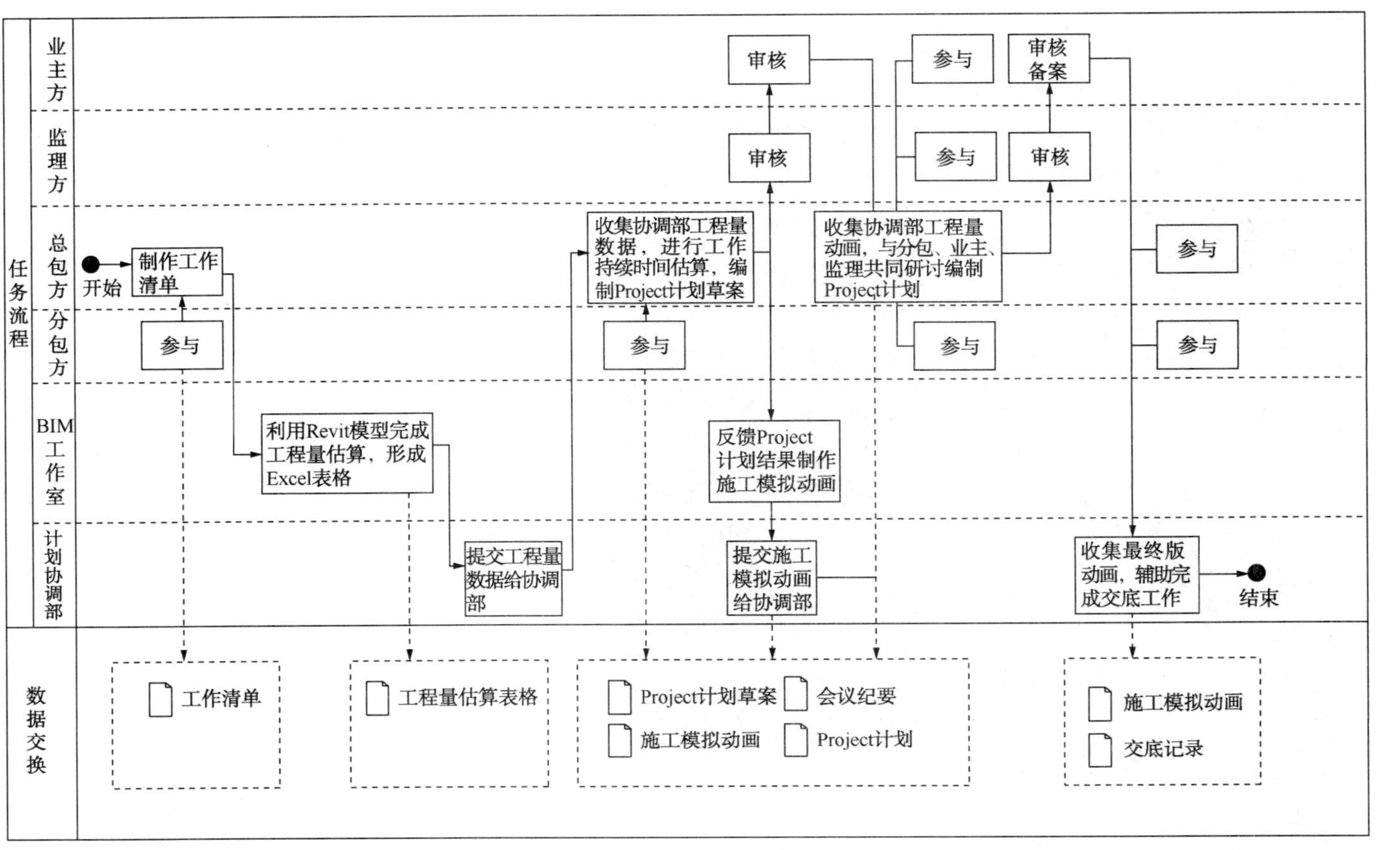


图6.4.3　进度计划实施步骤

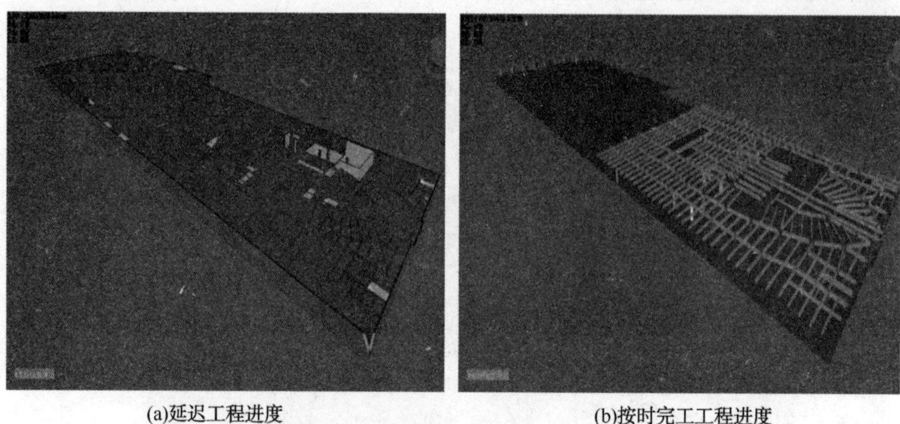

(a)延迟工程进度　　　　(b)按时完工工程进度

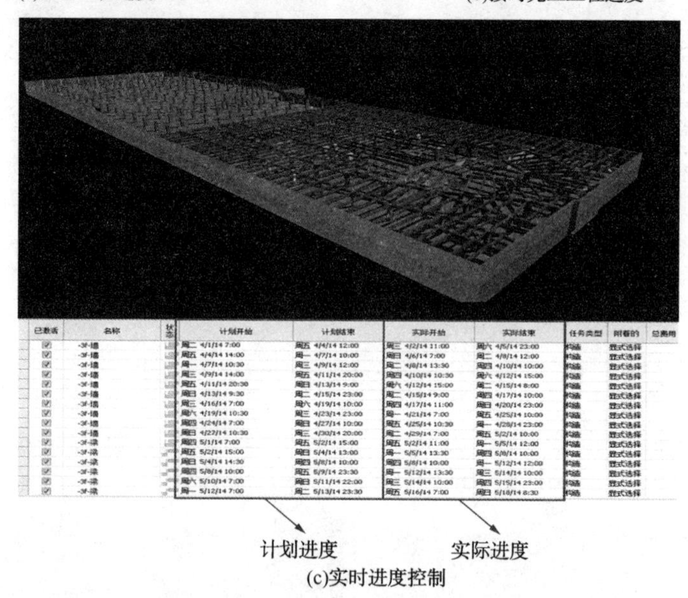

| 已激活 | 名称 | 状态 | 计划开始 | 计划结束 | 实际开始 | 实际结束 | 任务类型 | 附着的 | 总费用 |
|---|---|---|---|---|---|---|---|---|---|
| ☑ | -3F-墙 | | 周二 4/1/14 7:00 | 周五 4/4/14 12:00 | 周三 4/2/14 11:00 | 周六 4/5/14 23:00 | 构造 | 显式选择 | |
| ☑ | -3F-墙 | | 周五 4/4/14 14:00 | 周一 4/7/14 10:00 | 周日 4/6/14 7:00 | 周二 4/8/14 12:00 | 构造 | 显式选择 | |
| ☑ | -3F-墙 | | 周一 4/7/14 10:30 | 周三 4/9/14 12:00 | 周二 4/8/14 13:30 | 周四 4/10/14 10:00 | 构造 | 显式选择 | |
| ☑ | -3F-墙 | | 周三 4/9/14 14:00 | 周五 4/11/14 20:00 | 周四 4/10/14 10:30 | 周六 4/12/14 15:00 | 构造 | 显式选择 | |
| ☑ | -3F-墙 | | 周五 4/11/14 20:30 | 周日 4/13/14 9:00 | 周六 4/12/14 15:00 | 周二 4/15/14 8:00 | 构造 | 显式选择 | |
| ☑ | -3F-墙 | | 周日 4/13/14 9:30 | 周二 4/15/14 23:00 | 周二 4/15/14 9:00 | 周四 4/17/14 10:00 | 构造 | 显式选择 | |
| ☑ | -3F-墙 | | 周三 4/16/14 7:00 | 周六 4/19/14 10:00 | 周四 4/17/14 11:00 | 周日 4/20/14 23:00 | 构造 | 显式选择 | |
| ☑ | -3F-墙 | | 周六 4/19/14 10:30 | 周三 4/23/14 23:00 | 周一 4/21/14 7:00 | 周五 4/25/14 10:00 | 构造 | 显式选择 | |
| ☑ | -3F-墙 | | 周四 4/24/14 7:00 | 周日 4/27/14 10:00 | 周五 4/25/14 10:30 | 周一 4/28/14 23:00 | 构造 | 显式选择 | |
| ☑ | -3F-墙 | | 周日 4/27/14 10:30 | 周三 4/30/14 20:00 | 周二 4/29/14 7:00 | 周五 5/2/14 10:00 | 构造 | 显式选择 | |
| ☑ | -3F-梁 | | 周四 5/1/14 7:00 | 周五 5/2/14 15:00 | 周五 5/2/14 11:00 | 周一 5/5/14 12:00 | 构造 | 显式选择 | |
| ☑ | -3F-梁 | | 周五 5/2/14 15:00 | 周日 5/4/14 13:00 | 周一 5/5/14 13:30 | 周四 5/8/14 10:00 | 构造 | 显式选择 | |
| ☑ | -3F-梁 | | 周日 5/4/14 14:30 | 周四 5/8/14 10:00 | 周四 5/8/14 10:00 | 周一 5/12/14 12:00 | 构造 | 显式选择 | |
| ☑ | -3F-梁 | | 周四 5/8/14 10:00 | 周五 5/9/14 23:30 | 周一 5/12/14 13:30 | 周三 5/14/14 10:00 | 构造 | 显式选择 | |
| ☑ | -3F-梁 | | 周六 5/10/14 7:00 | 周日 5/11/14 22:00 | 周三 5/14/14 10:00 | 周四 5/15/14 23:00 | 构造 | 显式选择 | |
| ☑ | -3F-梁 | | 周一 5/12/14 7:00 | 周二 5/13/14 23:30 | 周五 5/16/14 7:00 | 周日 5/18/14 8:30 | 构造 | 显式选择 | |



(c)实时进度控制

图 6.4.4　某工程施工进度控制

（2）进度控制实施步骤，如图 6.4.5 所示。

① 进度计划制定后，在项目实施过程中总包方相关部门应及时对进度计划进行跟踪，形成施工周报及月报，在进度计划软件中输入进度信息与成本信息。完成后将周报、月报及 Project 计划提交给 BIM 工作室。

② BIM 工作室依据总包提供数据更新施工进度模拟信息，形成动画展示，提交给计划协调部。

③ 计划协调部负责协助总包方进行数据分析与决策，形成数据分析报表。

④ 总包方依据决策结果对进度计划进行调整，形成会议纪要和进度计划，提交监理及业主审核。

⑤ 在进度会议上进行进度计划的协调工作时，利用施工模拟等辅助沟通，快速完成工作面交接。

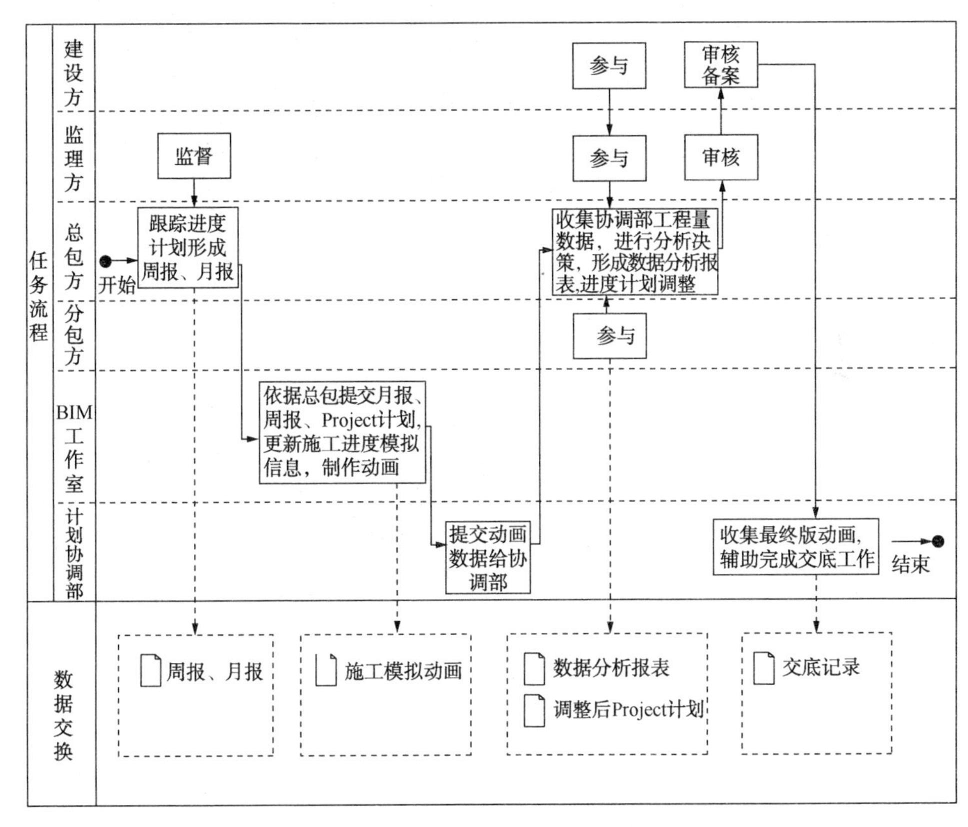


图 6.4.5　进度控制实施步骤

# 6.5　施工阶段预制加工管理

## 6.5.1　工厂化预拼装

(1) 工厂化预拼装内容为利用 BIM 建模技术对构件精确定位、精确输出材料用量，出具构件加工详图，交付生产厂家进行加工，完成工厂化预拼装，如图 6.5.1 所示。

(a)经BIM深化设计后的管道模型

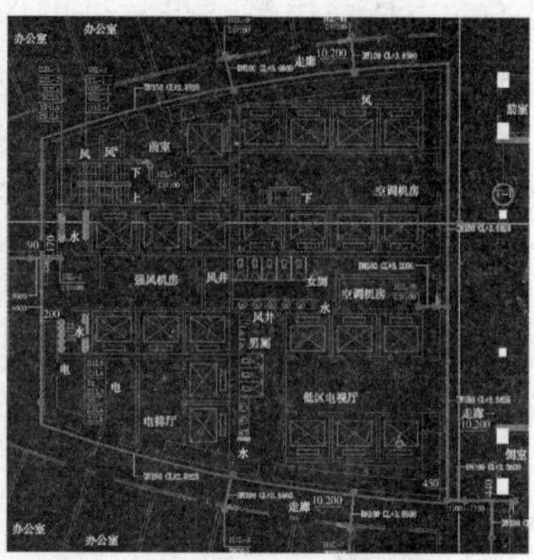


(b)BIM深化设计后平面图

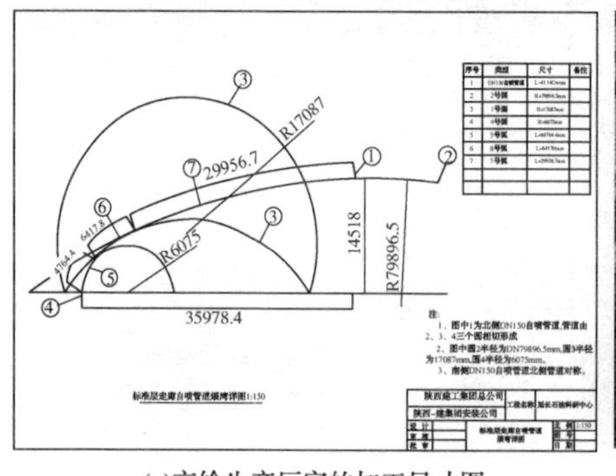


(c)交给生产厂家的加工尺寸图

(d)加工后成品管道

图 6. 5. 1　某工程工厂化预拼装过程

（2）工厂化预拼装实施步骤，如图 6. 5. 2 所示。

## 6. 5. 2　二维码追溯及移动终端应用

（1）二维码追溯及移动终端应用内容包括：

① 在设备和材料进场后

a. 利用二维码识别设备，对设备和材料进行清点。

b. 利用物联网直接将设备和材料上二维码数据录入 BIM 模型，并确保现场物料与模型物料一一对应。

c. 设备进场前将设备和材料的数量、出厂合格证、出厂检测报告等信息、资料和审批记录录入到 BIM 软件数据库。

d. 利用 BIM 软件，从 BIM 模型中随时导出材料和设备的进场统计表。

② 施工安装阶段

a. 对安装完成的各专业设备和材料进行记录。

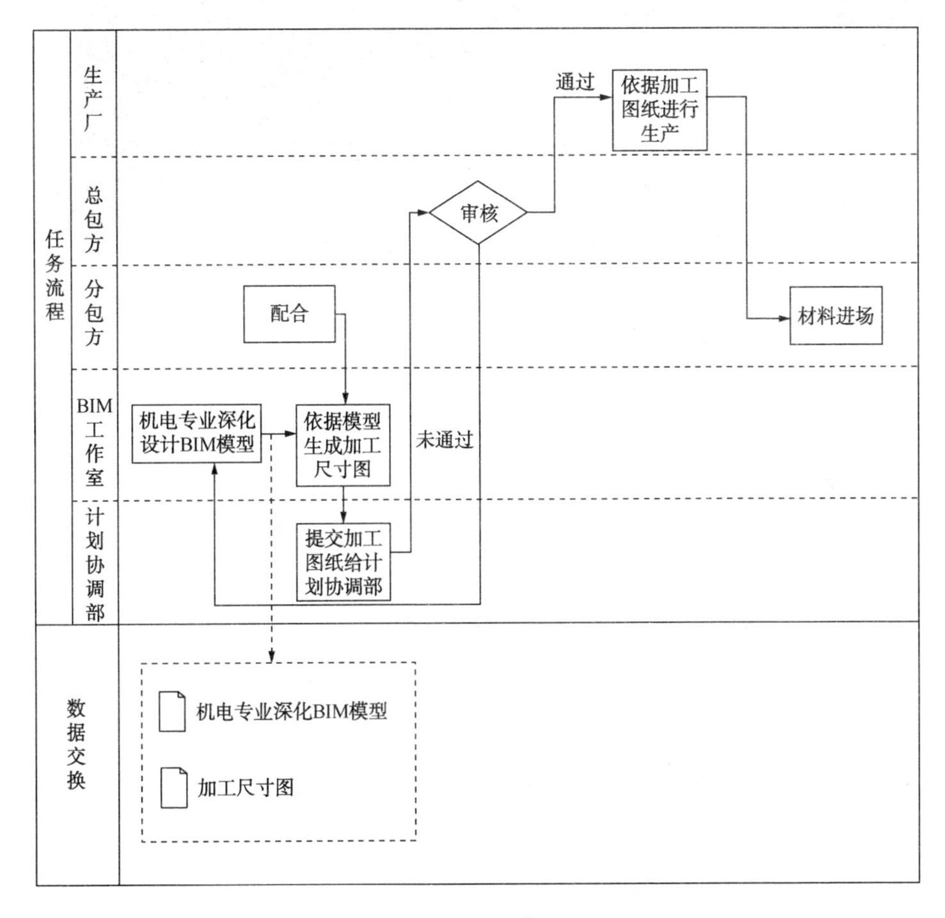


图 6.5.2　工厂化预拼装实施步骤

b. 利用物联网将安装完成的设备和材料上的二维码及相关资料和数据录入 BIM 模型中，确保现场安装物料与模型物料一一对应，如图 6.5.3 所示。

c. 利用 BIM 软件，从 BIM 模型中随时导出材料和设备的安装情况统计表。

③ 施工调试阶段

a. 对完成单机调试的各专业设备进行记录。

b. 利用物联网将完成单机调试设备上的二维码及相关数据录入 BIM 模型中，并确保现场调试的设备与模型中的设备一一对应。

c. 利用 BIM 软件，从 BIM 模型中随时导出材料和设备的调试情况统计表。

(2) 二维码追溯实施步骤

二维码追溯实验步骤，如图 6.5.4 所示。

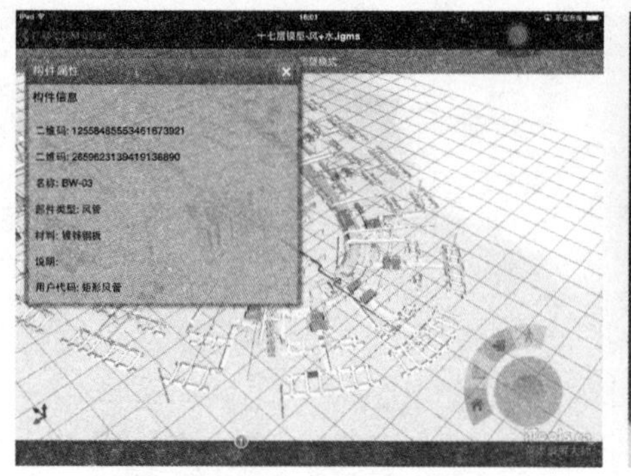


(a)经BIM深化设计后的管道模型

(b)BIM深化设计后平面图

图 6.5.3　某工程 Ipad 扫描模型定位码过程

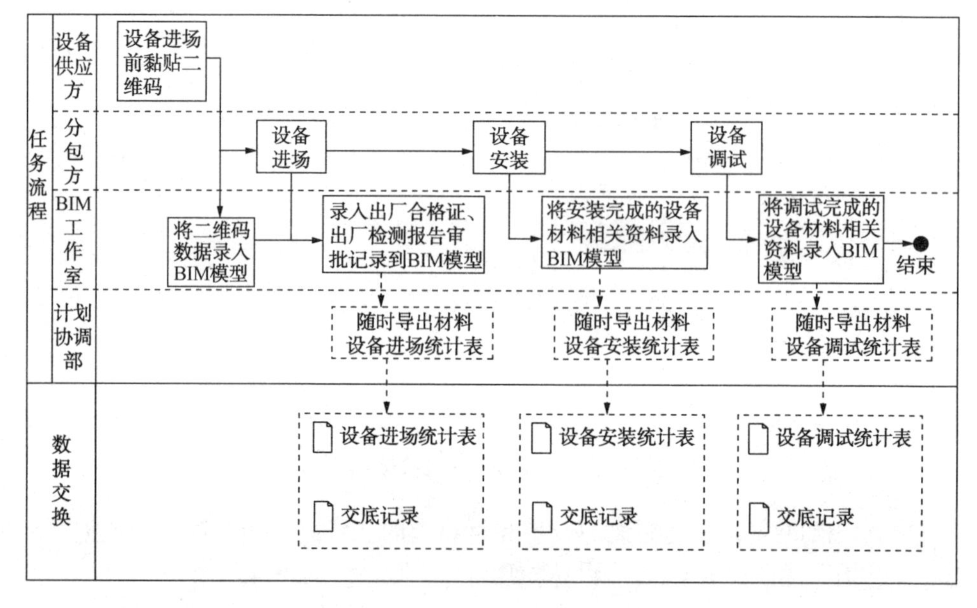


图 6.5.4　二维码追溯实施步骤

# 7

# 健康监测阶段质量管理初探

## 7.1 BIM技术在结构健康监测质量管理中应用分析

随着我国经济的快速发展，城市基础设施建设也进入了全面兴建阶段。各类超高层结构、大跨桥梁、大跨体育场等地标性建筑如雨后春笋般拔地而起，如上海中心大厦(632m)、上海环球金融中心(492m)、中央电视台总部大厦、国家体育场——鸟巢、杭州湾跨海大桥、尼珠河大桥等大型项目。纵观我国各类大型工程项目，工程结构趋于大型化和复杂化，也呈现出建筑高度更高、跨度更长、施工难度更大等特点，极大提高了工程施工管理的难度。同时，工程结构在整个施工、服役期间会遭受地震、飓风、火灾、材料老化、环境腐蚀等外部因素，以及在建筑材料、设计、施工及运维管理过程中人为因素等多因素耦合影响，会使工程结构在整个服役期间处于不安全状态，甚至会引发一系列重大的工程灾害。对于工程结构在施工、运维阶段中各项性能指标的实时观测、快速预警也成为了大、中型工程项目管理的重要工作。为了有效的识别潜在风险并指导施工、运维管理，结构健康监测理论及方法应运而生。

结构健康监测是采用技术手段对结构在施工过程及运维管理阶段中的各项性能指标进行观测，是一个长期的而且需要实时监测的过程，其目的是对结构在整个监测过程中的性能进行全面评估，以尽早发现存在的问题并规避风险。《结构健康监测系统设计标准》(CECS 333—2012)指出结构的健康监测主要针对建筑物在施工阶段及服役期间各项指标的监测。监测的主要指标包括环境、外部荷载、几何变形、结构反应及材料性能等。在土木工程领域，结构健康监测系统最早应用于大跨度桥梁结构的长期监测，主要用于监测环境荷载、结构振动和局部应力，以控制施工质量、验证设计假定和评定结构安全状态。随着结构健康监测理论和方法的完善，大量的公共设施、民用住宅项目也引入了健康监测业务，如国家体育馆——鸟巢钢结构施工监测；水立方体钢膜结构的安全监测；CCTV主楼在施工过程中进行了应力、变形等多项指标监测，保证了项目施工过程的安全。目前，国内外在结构健康监测领域的研究主要涉及传感器系统布置优化、监测结果分析和安全评估方法等方面，已取得了先进的研究成果，并广泛应用于实际工程项目。但是，目前已有的健康监测研究多集中于监测数据的采集和处理方面，很少涉及监测信息的可视化方法研究。随着结构设计的大型化、复杂化，结构监测得到的数据量特别大且信息类型复杂，现有的采用数据表格、二维曲线及文字描述等方法进行结构实时监测的表现模式已无法满足工程应用需求。工程结构监测信息的全局、动态、可视化表达成为了结构健康监测未来发展的一个重要领域。

工程结构的大型化、复杂化发展，使得结构健康监测的规模也趋于大型化、精细化，实时监测信息数量巨大且类型复杂，给监测信息的理解、分析和管理带来了诸多困难。随着计算机信息化技术的快速发展，借助信息化技术实现结构健康监测数据的可视化和高效管理，从而提高监测数据理解、应用和管理的效率，逐渐成为一种需求和趋势。

BIM 技术是对建筑物理和功能特征的三维数字化表达，为建筑物整个生命周期提供信息数据资料，是传统建筑业向信息化导向为主的新一代模式转变的重要体现。随着我国“十二五”“十三五”规划纲要的实施，BIM 的概念在建筑领域获得了广泛地认可，并在大中型工程项目的规划、设计、施工和运维阶段得到了广泛应用。基于全面的建筑信息模型数据，可以实现建筑物在规划、设计、施工、运维等全寿命周期多维度管理的协同与数据共享，可有效地避免“信息孤岛”现象。目前，基于 BIM 的研究多集中于设计阶段、施工过程管理、造价管理、物料管理及运维管理阶段，对于 BIM 技术与结构健康监测相结合的研究鲜有报道，但已有的研究成果为 BIM 技术与结构健康监测相结合提供了可能。

同时，Revit 是 Autodesk 公司专为建筑信息模型（BIM）而构建的系统平台，其可用于建筑全寿命周期管理的协同。基于 Revit API 进行二次开发，可以充分利用系统平台的模型管理功能，而将研究重点集中到核心功能的完善中。因此，以 Revit 为支撑平台，结合数据库技术，运用 C#语言开发结构健康监测管理系统，具有一定的可行性。

## 7.2 基于 BIM 技术的结构健康监测管理系统设计与实现

### 7.2.1 功能需求分析

功能需求是系统开发的核心动力，完善的需求有助于系统平台的人性化、性能化实现。目前，已有的健康监测系统主要涉及监测数据的采集与整理，多以二维图表、曲线表示监测结果，对于监测信息的三维可视化研究比较少，缺乏比较直观、动态的表达。基于 BIM 技术的结构健康监测管理系统的研究是将 BIM 技术和结构健康监测的有机结合，可以充分的利用 BIM 完善的建筑全周期模型，实现模型的可视化动态监测。基于实际工程应用需求，结构健康监测管理系统需实现以下功能：

（1）监测对象模型的快速导入、查看及编辑：监测模型是远程实际模型的三维显示。针对建筑三维模型及施工阶段模型，应实现模型的快速导入、查看以及编辑。可以采用 Revit 平台直接建立，亦可采用其他平台建立模型并以 IFC 中性文件格式导入。

（2）监测装置模型的快速建立及布置：为了实现与远程实际监测状态的一致性，需要在结构模型上建立监测装置模型，如应力装置、温度传感器、位移传感器等。同时，需实现监测装置模型的快速布置。

（3）可视化监测信息实时展示：实现 BIM 模型监测点与现场监测点数据的实时显示。通过无线网络传输，将现场海量监测数据存储至数据库平台，并实现数据的多维、动态显示。同时，应实现动态预警功能，当某监测点数据超过监测阈值时，系统应该高亮显示监测点位置，并将相关信息以短信、邮件的形式发送给相关负责人。

（4）监测点及数据记录的快速查询、定位及导出：监测过程中会产生海量的监测数据，对于已有数据的查询是一项很繁琐的工作。因此对于监测数据的查询将是一项很重要的功能。同时，对于已有数据的导出、处理工作也是其必须实现的功能。

（5）系统输出功能：系统应能输出标准的 IFC 格式文件，同时，也应实现检测报告的快速输出功能，阶段性的对监测状况进行监控报告。

（6）系统应具有良好的可扩展性：结构健康监测涉及的范围比较广，对于不同的工程项目监测具有不同的需求，现有的系统平台还不能完全满足现在的需求，因此，系统平台的可扩展性就成为了解决此弊端的有效方法。

### 7.2.2 系统总体设计

（1）系统设计原则

基于 BIM 技术的结构健康监测管理系统是对结构健康监测的可视化方法研究，系统平台的研究应该考虑以下原则：

① 实用性原则

系统的实用性是系统开发首先需要考虑的因素，其是否满足实际的工程需要和用户对功能的需求，成为系统平台推广应用的根本。在系统设计前，需要对系统的功能需求作细致的分析，以功能需求为出发点进行系统开发。

② 信息集成原则

结构监测是动态的过程，将会产生海量的信息。监测系统利用 BIM 模型监测的信息，为建设项目生命周期所用，因此需要把各种结构化和非结构化数据有序地集成到中央数据库中，让项目各参与方直接从中央数据库中获取所需要的信息，实现高效的信息管理和共享。

③ 模块化原则

根据监测系统各部分功能的不同，将复杂的系统分解成为若干相互独立的模块，提高各模块的内聚性，减小耦合性；从而保证各模块之间的独立性，保证系统的平稳可靠运行。

④ 规范性原则

监测系统在设计上采用统一的技术规范，采用行业统一的标准信息编码，使程序具有较好的开放性和标准化设计，以保证系统结构的科学合理性，和实现高效运行。

⑤ 可扩展性原则

为保证系统具有良好的兼容性和可扩展性，在设计时应充分考虑系统数据库的数据格式和信息处理能力。为了能将系统和其他项目管理系统集成，系统的运行应当具有弹性，可应用于不同的工程项目。

⑥ 易维护性原则

易维护性原则是应用系统的需重点考虑因素。系统设计应该使得用户易学易用，用户界面友好，日常的管理操作简便。系统管理员要在不改变系统运行的情况下具备对系统进行调整的能力，系统的故障易于排除，运行成本经济。

（2）系统架构设计

根据系统的功能需求以及设计原则，以 Revit 技术为核心，NET 为开发平台，基于 Revit API 二次开发，按照整体性和一致性原则进行了系统整体架构设计，系统从逻辑上分为四层，采集层、数据层、平台层及应用层，如图 7. 2. 1 所示。采用插件式架构集成开发了结构健康监测管理系统。

① 采集层

采集层是对现场监测的数据进行采集，包括环境监测数据、外部荷载监测数据、结构几何监测数据、结构反应监测数据、材料性能监测数据以及现场的多媒体数据等。主要的采集手段有人工录入和系统集成。其中对于无法在线采集的动态监测数据可以通过人工获取监测传感器采集数据录入到本系统数据存储中；同时，也可以将在线监测系统通过无线或有线网络接入本系统。

② 数据层

数据层是在采集数据的基础上，针对业务数据、模型数据等结构化、非结构

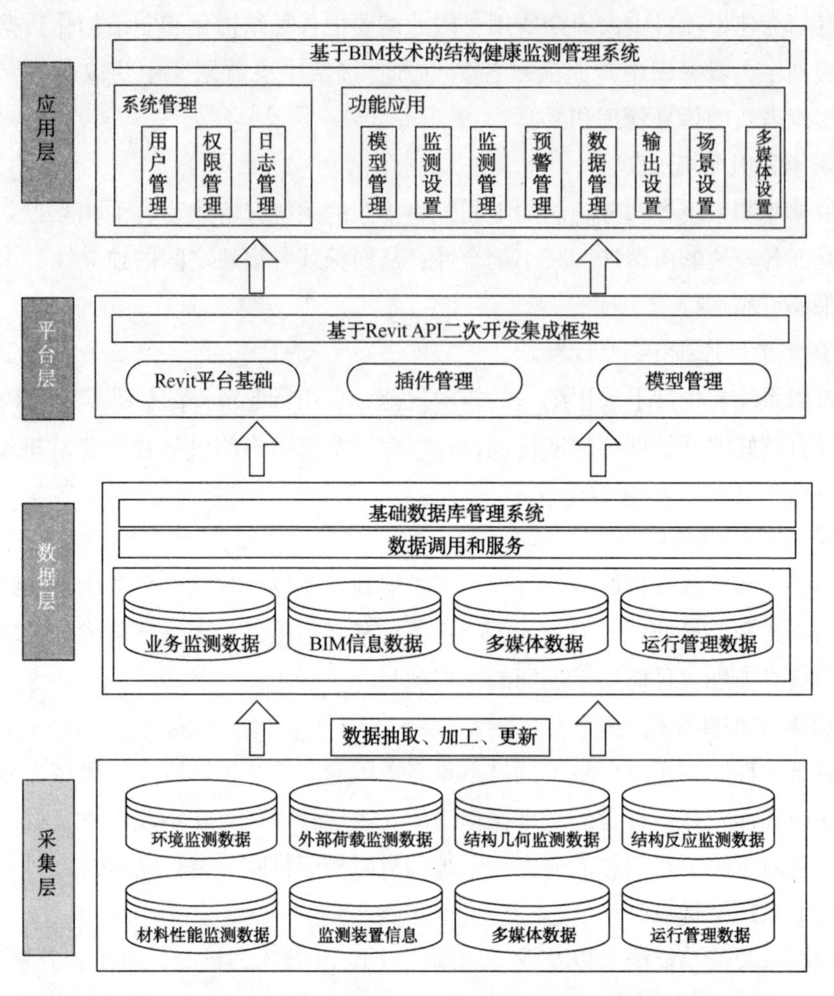


图 7.2.1　基于 BIM 技术的结构健康监测管理系统架构

化数据的管理。主要包括业务监测数据、BIM 模型数据、多媒体数据及运行管理数据。其中业务监测数据包括各类动态的、静态的监测数据；BIM 模型数据包括建筑的模型数据及监测装置模型数据；多媒体数据包括现场相关的图片、视频、文档及语音资料等；运行管理数据包括操作日志数据库、用户权限管理数据等。

③ 平台层

平台层即整个系统的信息支撑平台，系统平台是在 Revit 平台之上进行的二次开发。Revit 平台模型管理的高效性和共享性为整个系统平台的开发提供了技术支撑。同时，基于插件技术可实现系统功能的高可扩展性。平台层通过融合 Revit 平台的模型管理技术及插件技术，可创建三维可视化的健康监测平台。

④ 应用层

应用层是最终用户与系统各功能模块进行交互访问的一个平台，是用户最能直观感受并进行操作的界面平台。应用层由系统管理和功能应用两个模块构成。

系统管理模块主要针对用户管理、权限管理及日志管理等进行系统的管理。功能应用模块是系统平台的核心应用模块，包括模型管理、监测设置、监测管理、预警管理、数据管理、附属功能(输出设置、场景设置和多媒体设置)。其中模型管理包括模型数据的导入、导出及修改等；监测设置包括监测设备模型建立、监测设备设置等功能；监测管理包括基本的数据管理，如环境监测数据、外部荷载监测数据、结构几何监测数据、结构反应监测数据、材料性能监测数据等。预警管理是在实时监测的基础上进行预警管理以减少风险；数据管理是针对数据库文件建立的管理菜单，可以查看、编辑基础数据文件；附属功能中输出设置主要为文件及监测报告文档的输出等；场景设置主要为监测的漫游管理等功能实现；多媒体设置是对现场多媒体资料的管理及显示设置。

(3) 系统功能设计

依据监测信息的可视化需求，系统的功能模块可分为系统管理、模型管理、监测设置、监测管理、预警管理、数据管理、附属功能(输出设置、场景设置和多媒体设置)七个模块。主要的功能模块设计如图 7.2.2 所示。

① 系统管理

系统管理主要针对用户管理、权限管理及日志管理等进行系统的设置。

② 模型管理模块

模型管理模块主要涉及 BIM 模型的导入、导出及编辑。基于 Revit 平台，可以很好地实现模型的导入导出功能；同时，可以实现与其他系统平台的数据文件共享。

③ 监测设置模块

监测设置模块包括监测装置模型建立、装置设置及监测设置三个功能。监测装置模型建立模块主要实现监测装置的可视化，如位移计等；装置设置功能主要实现具体监测装置的布置，基于模型文件，实现监测装置与现场监测的一致性；监测设置功能主要实现监测相关设置，比如监测曲线显示，监测时间设置等。

④ 监测管理模块

监测管理模块是整个监测系统的核心功能，主要包括自动监测、环境监测、外部荷载监测、结构几何监测、结构反应监测及材料性能监测六个主要部分及相

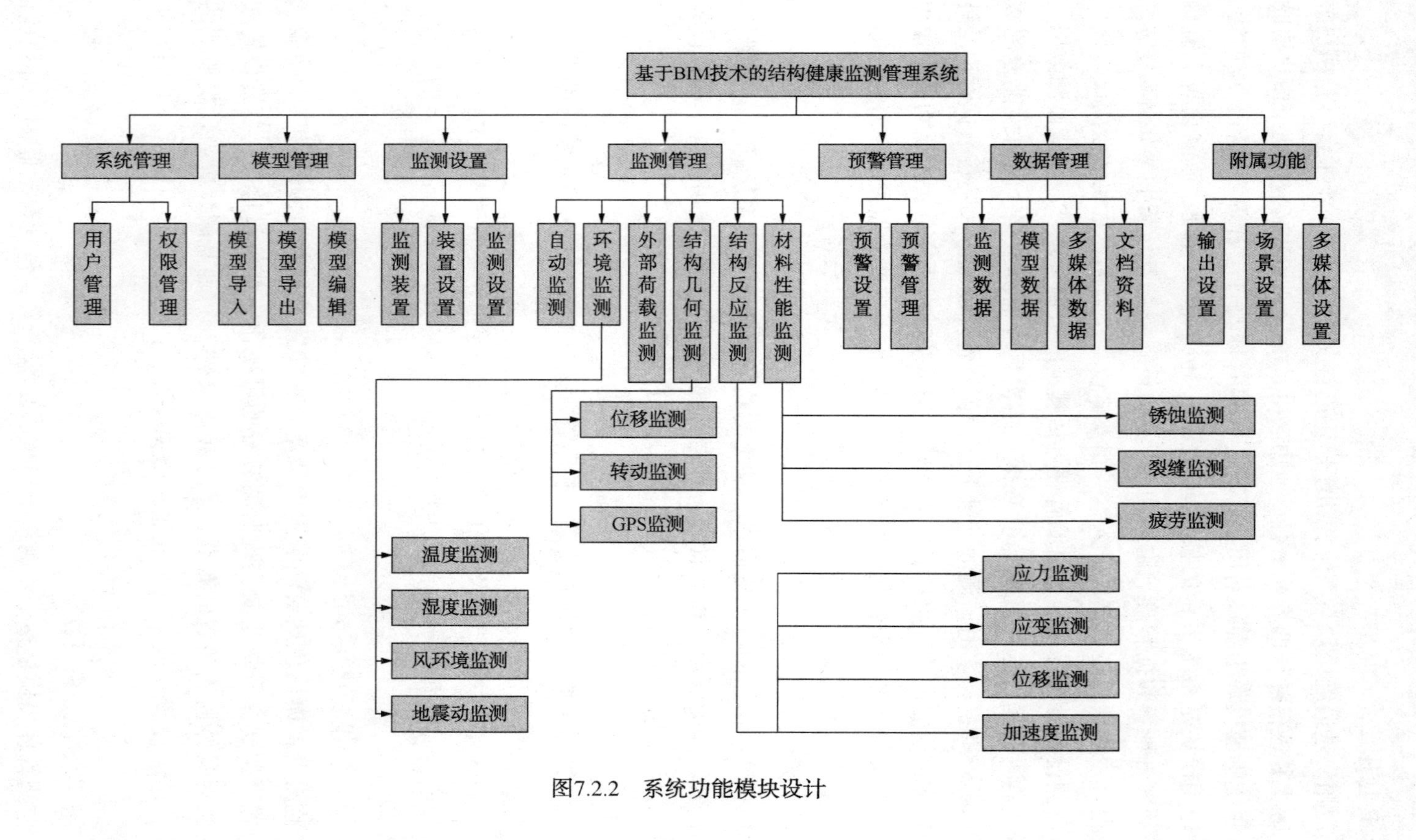


图7.2.2　系统功能模块设计

关详细的监测项目。自动监测模块主要实现后台自动监测的功能，提供自动读取监测数据文件并显示监测曲线的功能。自动监测可以根据监测装置的设置，自动监测数据文件。其他监测功能可以依据具体的监测项目进行选择，如针对大跨钢结构可以针对钢构件进行应力、应变、位移等监测。

⑤ 预警管理模块

预警管理模块是在数据监测的基础上进行的预警管理。包括预警设置和预警管理两部分，预警设置主要针对预警显示的相关设置，包括高亮显示颜色、形状显示等。预警管理主要实现预警数据与模型的联动查看，可以快速的定位预警构件，并以邮件及短信形式快速告知现场负责人员，实现快速预警，快速施工管理，以规避潜在的风险。

⑥ 数据管理模块

数据管理模块主要实现监测数据、模型数据、多媒体数据及文档资料的管理。

⑦ 附属功能

附属功能包括输出设置模块、场景设置模块和多媒体设置模块。输出设置模块可以对指定点的监测结果进行输出，同时可以定期检测报告；场景设置模块即场景浏览漫游设置，实现二维地形和三维场景的浏览漫游、支持自定义和手动路径的浏览漫游，以及以第一人称视角和飞行视角进行浏览漫游并支持二维及三维状态的切换；多媒体设置模块主要针对现场的视频、语音及文档资料进行管理，并根据实际应用需要，接入现场的实时监控视频画面的相关信息等。

系统的功能菜单界面如图 7.2.3 所示。

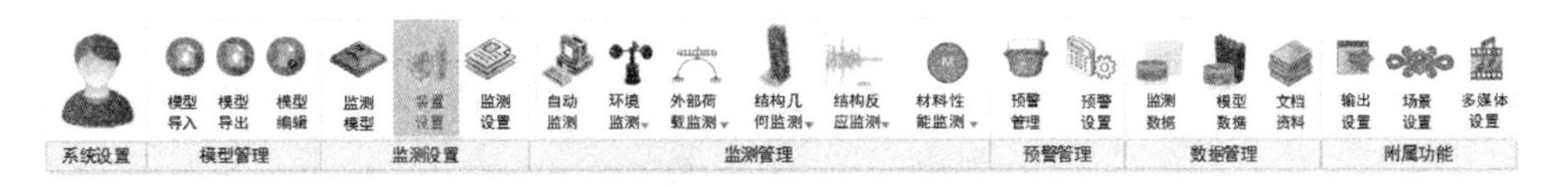


图 7.2.3　系统功能菜单界面

### 7.2.3　基于 BIM 的结构健康监测管理系统应用

以 Revit 为支撑平台，结合数据库技术，运用 C#语言开发结构健康监测管理系统，并在该项目中进行了初步应用，可以实现模型的导入、传感器模型的布置、数据的实时显示及快速预警等功能。

(1) 系统平台启动

系统平台是在 Revit 平台基础上开发的，生成的工程插件会以动态链接的形式集成到 Revit 平台中，为了实现与 Revit 已有功能的相对独立性，使用户快速进入监测管理平台，在 Autodesk Revit 软件打开时，系统会有相应的界面提醒“是否直接进入结构健康监测管理系统”，可选择<进入>/<不进入>。选择<进入>按钮会进入监测管理系统的登录界面；选择<不进入>会直接进入 Revit 平台主界面，如图 7.2.4 所示。

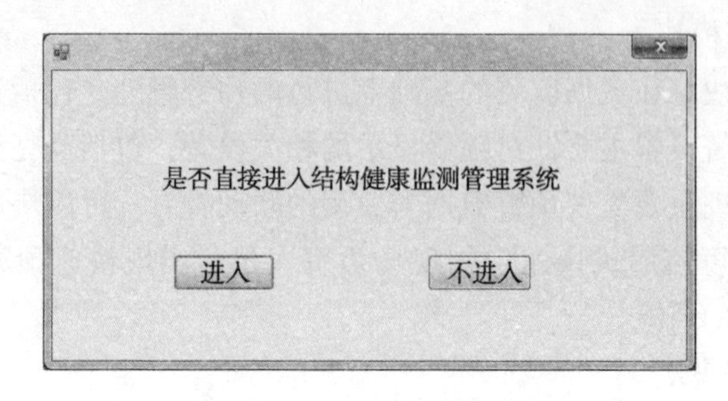


图 7.2.4　软件启动提醒界面

(2) 登录界面

点击<进入>会直接进入监测管理系统的登录界面，为了保证监测数据的安全性，设置了用户登录窗口，相关的管理人员会分配登录账号及密码，可以对模型及监测数据进行管理，如图 7.2.5 所示。

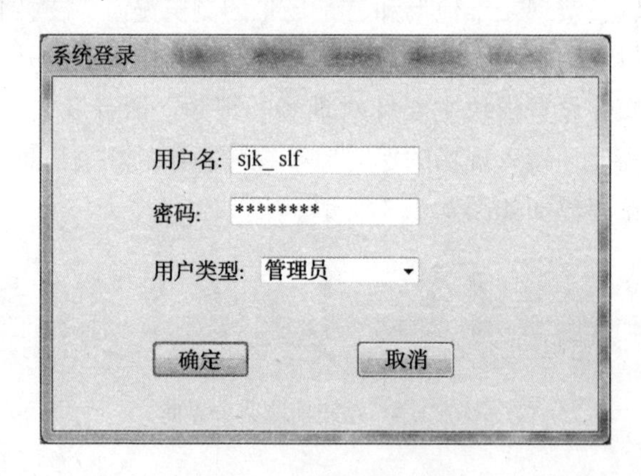


图 7.2.5　系统登录界面

(3) 工程项目管理

登录监测管理系统后，会弹出工程项目管理，提示新建工程项目(输入工程项目名称、地点、管理单位，监测时间以及备注；同时，会提示已监测工程项目，会显示目前正在监测的多个项目，选择一个项目直接进入实时监测界面。图 7.2.6 给出了新建项目的界面，图 7.2.7 展示了已有监测项目管理界面。

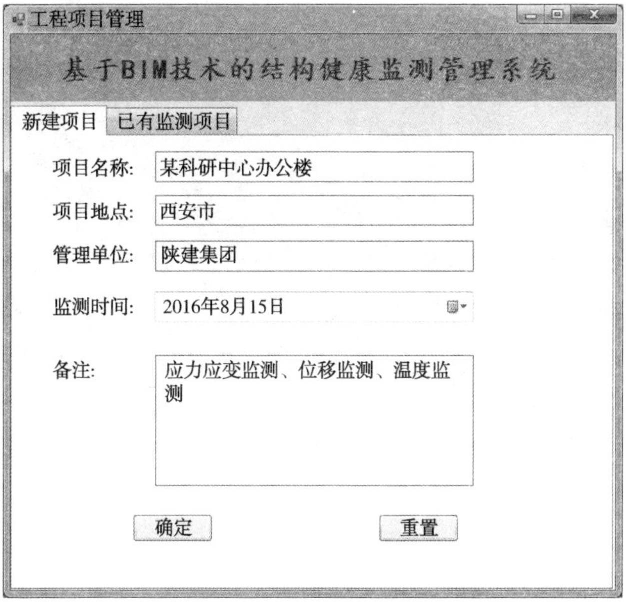

工程项目管理
基于BIM技术的结构健康监测管理系统
新建项目
已有监测项目
项目名称:
某科研中心办公楼
项目地点:
西安市
管理单位:
陕建集团
监测时间:
2016年8月15日
备注:
应力应变监测、位移监测、温度监测
确定
重置

图 7.2.6　新建项目界面

工程项目管理
基于BIM技术的结构健康监测管理系统
新建项目
已有监测项目
项目列表
渭南市体育中心主体育场钢屋盖结构
焦作国际太极拳文化交流中心暨全民
广州白云国际机场扩建工程二号航站
查看
修改
删除
进入
取消

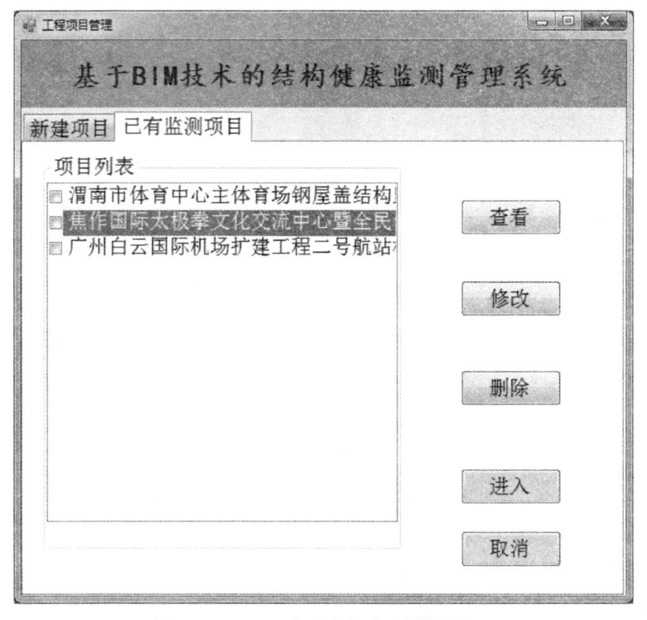

图 7.2.7　已有监测项目管理界面

(4) 系统界面展示

新建项目完成后，会直接进入监测管理系统，系统的界面展示如图 7.2.8 所示，主要包括四部分：功能菜单区、属性查看区、项目浏览区及监测窗口区。

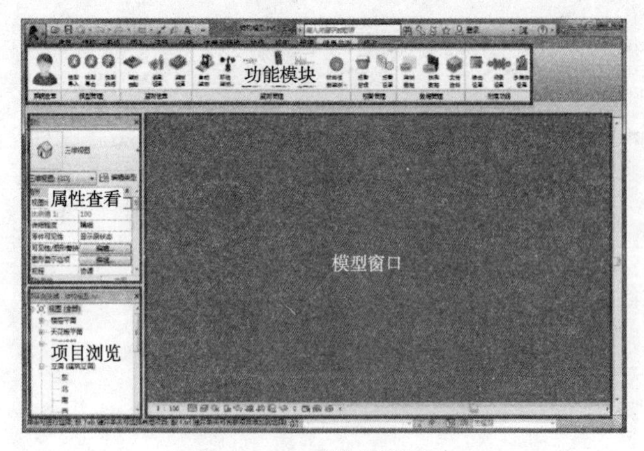

图 7.2.8　系统界面展示

(5) 模型导入

对于新建项目可以直接在 Revit 平台上直接建立模型。若已建立了结构模型或通过其他平台建立并以 IFC 格式导入。点击模型管理中的“模型导入”，会弹出导入窗口，如图 7.2.9 所示。

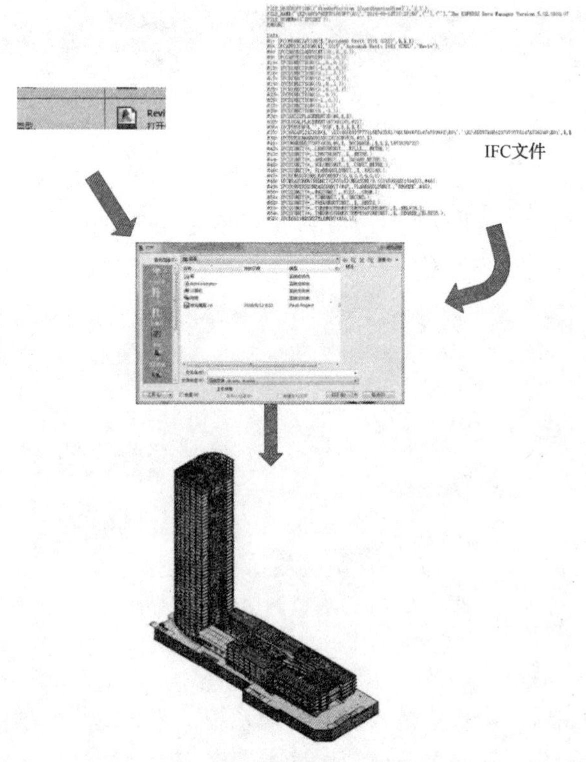

图 7.2.9　模型导入方式

(6) 装置设置

在模型导入的基础上，建立需要的监测装置模型，如应力应变片、温度传感器及位移计等(按照 Revit 的族库模式建立)。装置模型建立完成后，可以在模型上布置相应的装置模型，如图 7.2.10 所示。

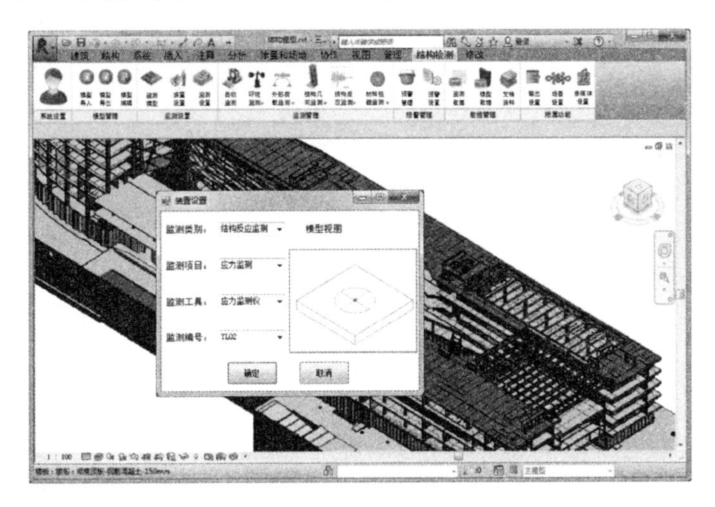


图 7.2.10　装置设置

# 8

# 项目竣工资料管理

## 8.1 资料交互与成果交付

### 8.1.1 一般规定

（1）建筑信息模型是BIM应用阶段成果交付的重要内容，BIM工作室有义务为各总包、分包、监理及业主提供项目各相关方面的信息模型，业主可通过此模型，对需要了解的项目情况进行调查。

（2）计划协调部应负责发起各类工作任务信息模型，内容涉及会议执行、碰撞分析、施工计划模拟、准则类文件发布等。并在合约要求情况下，负责汇总、整理最终的竣工模型，向业主提交真实准确的竣工模型、BIM应用资料和设备信息等，为业主和物业运营管理单位在运营阶段提供必要信息。

（3）“任务信息模型”执行总体流程应按照以下流程执行：

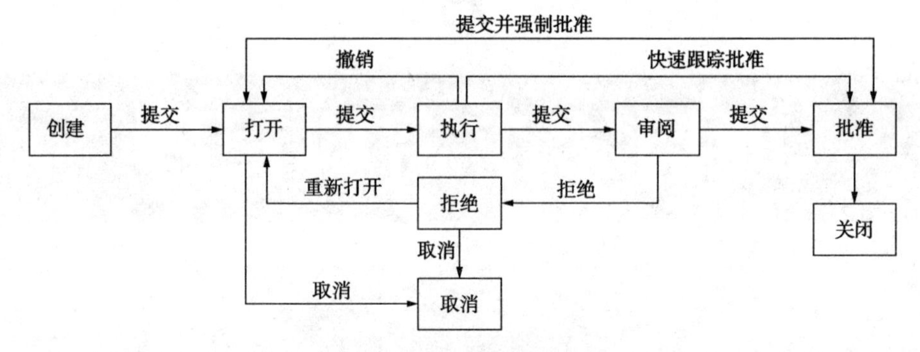


（4）计划协调部对各分包模型的交付标准进行控制和管理，各级模型的交付标准按照合约要求，并结合业主及监理在实施过程中相关要求执行。

（5）计划协调部可负责汇总、整理最终的竣工模型，为业主和物业运营管理单位在运营阶段提供必要信息。

（6）在项目部BIM中心交付模型和数据时，应同时将交付模型提交给公司BIM中心，BIM中心进行整理后按照项目名称提交给集团BIM中心，便于集团BIM中心对资料的收集及管理。

### 8.1.2 报告提交流程

（1）本项流程针对月报、计划等内容。

（2）报告提交流程包含以下几个过程阶段：

① 报告提交说明发出(对应“创建”“打开”环节)
② 分包通知反馈并上传相应报告(对应“执行”环节)
③ 总包整合所有分包报告，并发布整合后的工作报告(对应“审阅”环节)
④ 相关领导审阅确认(对应“审阅”环节)
⑤ 二次修改和流程关闭(对应“批准”、“关闭”环节)

### 8.1.3 文件发布流程

(1) 文件发布流程包含以下几个过程阶段:
① 文件发布(对应“创建”“打开”环节);
② 意见反馈(对应“执行”环节);
③ 文件修改并二次发布(对应“审阅”环节);
④ 文件审阅确认(对应“审阅”环节);
⑤ 发布文件最终定稿和流程关闭(对应“批准”“关闭”环节)。
(2) 各任务信息模型的交付成果应及时归档。
(3) 应定期组织相关人员进行任务信息模型会审，并对其进行调整。

## 8.2 项目竣工阶段

按照施工合同完成了项目全部任务后，项目管理将进入项目的竣工阶段。竣工阶段要做好竣工验收管理、竣工资料管理、竣工结算管理和项目产品移交工作。

### 8.2.1 BIM 竣工模型

(1) 竣工模型应根据项目竣工验收需求，在施工图模型的基础上应添加以下信息生产信息(生产厂家、生产日期等)、运输信息(进场信息、存储信息)、安装信息(浇筑、安装日期，操作单位)和产品信息(技术参数、供应商、产品合格证等)，如有在设计阶段还没能确定的外形结构的设备及产品，竣工模型中必须添加与现场一致的模型。

(2) 为了保证竣工模型的准确性，在竣工模型提交于建设方前，需要完成竣工模型检查工作，在一定程度上提高模型可靠性和精确度，模型检查内容记录如表 8.2.1 所示。检查完成后将检查结果及模型一并交付业主。

表 8.2.1　BIM 竣工模型检查表

| 工程名称 | | | | |
|---|---|---|---|---|
| 依据图纸版本 | | | | |
| 序号 | 项目 | 检查方法 | 检查内容 | 是否合格 |
| 1 | 基本信息 | 以结构专业模型为基础，将其他专业模型进行链接 | 原点 | |
| | | | 轴网 | |
| | | | 标高 | |
| 2 | 构件名称及参数检查 | 对照相关专业图纸进行建模检查 | 命名规则是否按标准执行 | |
| | | | 机电专业系统是否完整划分 | |
| | | | 中心文件工作集是否完整 | |
| | | | 管线颜色是否按标准执行 | |
| 3 | 图纸完整性检查 | 对照相关专业图纸进行建模检查 | 依据图纸是否经过审查 | |
| | | | 轴网、标高是否锁定 | |
| | | | 构件位置、尺寸、标高等是否与原图纸一致 | |
| | | | 节点详图是否完整 | |
| | | | 建模精度是否按标准执行 | |
| | | | 预留洞口是否合理 | |
| | | | 碰撞问题是否彻底消除 | |

## 8.2.2　BIM 模型工程量统计

BIM 是一个包含丰富数据、面向对象的、具有智能化和参数化特点的建筑设施数字化表示。BIM 模型中的构件信息是可运算的信息，借助这些信息，计算机可以自动识别模型中的不同构件。并根据模型内嵌的几何和物理信息对各种构件的数量进行统计，从而大大减少根据图纸人工统计工程量的繁琐工作以及由此引起的潜在错误。

尽管 BIM 技术可以提供工程量计算，但是它并不能完成所有的竣工成本结算工作。在造价计算的整个过程中，工程量统计只是造价工作的起点，BIM 技术为造价工程师提供的便捷仅限于对目前人工统计这一步骤的精简。造价计算的过程也伴随着分析的过程，这是软件无法做到的。必须强调的是，无论采用哪种方法，必须确保模型的准确性。如果没有一个保证信息准确性和完整性的竣工模型作为基础，将 BIM 技术运用到工程量统计工作就势必成为一纸空谈。因此，要做到这一点，造价工程人员必须在设计早期介入，和设计人员一起定义构件的信息组成，否则将会需要大量时间对设计人员提供的 BIM 模型进行校验和修改。此外，项目最终的决算不仅受工程量和价格所影响，还会受到施工过程中的施工工艺、施工顺序、施工条件等影响。因此，在BIM模型中必须对以上内容加以约束或形成标准，才能保证一个准确反映实际的"可视化"的竣工模型，才能有精确的工程统计依据。

## 8.3 质量保证措施

（1）为保证BIM工作质量，对交付模型质量检查要求如下：

① 浏览检查：保证模型反映工程实际；

② 拓扑检查：检查模型中不同模型元素之间的相互关系；

③ 标准检查：检查模型是否符合相应的标准规定；

④ 信息核实：复核模型相关定义信息，并保证模型信息准确可靠。

（2）工程竣工后，应结合项目BIM应用目标，对BIM应用效果进行评价，总结实施经验及改进措施。同模型一并上交企业BIM中心。

# 9

# BIM技术在油气隧道领域应用初探

## 9.1 应用意义及必要性

我国“十二五”“十三五”规划纲要的实施，使得BIM(Building Information Modeling，即建筑信息模型)的概念在建筑结构领域获得了广泛的认可。2017年8月，住建部发布的《住房城乡建设科技“十三五”专项规划》更加明确提出了“基于BIM的运营与监测平台、推进智慧建造技术发展和深化BIM应用”等方面内容。BIM技术在实现更深层次、更大范围资源集成和共享，以及消除数据孤岛方面发挥了重要作用。BIM技术的应用，可以为结构健康监测提供一个理想的数据图形表达环境。本文2~7章作者围绕BIM技术在建筑结构领域的研究和应用进行了详细介绍，基于BIM平台的数据共享原则以及完善的三维可视化展示，国内多项大型建筑工程项目进行了数字化建造技术的推广应用，并尝试集成施工及运维管理过程中重要部件的各项监测数据快速管理，以快速的纠正施工偏差或结构损伤监测等。BIM技术的应用，可以为结构健康监测提供一个理想的数据图形表达环境。在健康监测阶段质量管理一节，作者尝试将现场动态监测数据与BIM模型相关联，能够实现监测数据(包括施工期的变形监测、温度监测、应力监测、噪音监测等)在BIM环境中的高可视化和动态化，降低数据理解难度，提高决策效率。同时，BIM具备强大的信息集成管理能力，可以作为监测信息管理和共享平台，提高监测信息管理水平。

鉴于BIM技术在建筑结构领域的众多成果，作者针对油气管道隧道工程，将BIM技术与隧道健康监测应用相结合，充分汲取两者的优势，形成一套基于BIM的油气管道隧道动态健康监测及智能安全诊断平台。可用于油气管道隧道性能指标的动态、智能、可视化监测及预警，对结构在整个监测过程中的性能进行全面评估，以期尽早发现存在的问题并规避风险。

截至2017年底，我国油气管道里程突破13万公里，预计到“十三五”末，我国长输油气管道总里程将超过16万公里。而油气输送管道隧道穿越工程在油气输送领域占据了特别重要的地位，已逐渐成为山区特殊地段管道施工的可靠方法之一[例如：中缅油气管道工程(国内段)，共设隧道60余座，其中控制性隧道17座，总长达到73km；中亚天然气管道D线工程，共有3个隧道群，共设43座隧道，总长达到67km，成为中国天然气长输管道史上难度最大隧道工程]。在油气管道隧道整个施工及运营过程中，由于地质条件的恶化、失稳、围岩结构变化等外部因素作用，以及施工养护、材料采购等人为因素影响，使隧道的安全储备不尽相同。相比于高速公路及铁路隧道，油气管道隧道断面更加狭小，位置更加偏僻，这些特点使油气管道隧道病害在造成大的危害前难以及时发现，对病害原因诊断和治理也比较困难，甚至会导致油气输送安全事故的发生。因此，采取切实有效的监测措施和方法，提高油气管道隧道施工及运营阶段的安全性是当前我国油气输送领域面临的重要问题。

近年来，隧道健康监测理论已经被广泛应用于高速公路及铁路隧道，对提高隧道施工及运营期间的安全性产生了较好的效果。但是对油气管道隧道健康监测的研究较少，安全评价理论及方法尚未完善，采用方法也多为人工巡检，存在较大安全隐患。随着我国推进“智慧城市”建设的战略需要以及信息技术在行业中的应用，工程结构监测信息的集成、动态、可视化表达成为隧道健康监测未来发展的一个重要领域。借助信息化技术实现隧道健康监测数据的高度智能、可视化和高效管理，能够提高监测数据理解、应用和管理效率，对隧道可能出现的劣化及时、智能化预警并采取有效补救措施，这对于提升油气管道隧道施工水平、延长运营时间和提高施工运营全过程安全具有重要意义。

## 9.2 国内外应用现状

早在20世纪90年代，美国就在多座桥梁及大坝上应用监测传感器监测结构的局部振动、应力状态及环境荷载等，以便验证设计假定、评价结构运营期安全状态。作为结构健康监测的重要分支，隧道健康监测研究近年来也逐渐受到国内外学者的重视，但主要集中于高速公路、铁路隧道项目中。目前，关于隧道健康监测的研究主要集中在两个方面：一是隧道安全性评价方法研究；二是健康监测系统开发。

### 9.2.1 隧道安全性评价方法研究

作为隧道健康监测领域研究的关键问题，隧道安全性评价方法得到了广泛研究，各国也颁布了相应规范。美国《公路和轨道交通隧道检查手册》基于定性方式建立了隧道安全性分级标准，为美国全面开展隧道健康监测工作奠定了基础；德国《隧道设计、施工和养护规范》编制了一套实用化的隧道安全性评价方法，规定了运营隧道和新建隧道部位、机电设施的监测期限，并按隧道的损坏情况将单项病害程度划分为三级，形成了隧道安全性评价基本框架；2000年左右，日本开始了大规模隧道健康监测及安全性评价方法研究，并颁布了《公路隧道维持管理便览》等规程，根据经验将病害分为外力、材料劣化、渗漏水病害，分别提出了外力崩塌、变形、开裂破损、错台、材料劣化、强度降低、钢材腐蚀以及渗漏水的判断标准，按照检查阶段和调查阶段措施紧急性优先度分别划分了隧道的安全等级，完善了隧道健康监测管理体系。

近年来，模糊理论、可拓理论被引入定量评价隧道的健康状态。同济大学罗鑫、夏才初(2006)对国内外隧道健康等级划分进行了分析，采用四级划分法划分了安全等级，构建了公路隧道安全状态评价模型，实现了对公路隧道健康状态的定量化综合评价；随后，该课题组(2011)基于可拓理论建立了隧道健康诊断物元模型，确立了健康诊断指标体系和指标评估基准；南昌航空大学洪平(2011)在对影响铁路运营隧道安全的因素进行分析基础上，从铁路运营隧道健康诊断研究需要出发，构建评价指标体系，该模糊综合评价模型减少了评估主观因素，可操作性较好；中南大学李云、吴小萍(2010)根据铁路维护人员对隧道衬砌病害现象的调查，利用改进模糊层次分析法进行定权，建立一种适合铁路维护人员的铁路隧道衬砌健康评价模型，找出病害影响程度；大连交通大学王洪德(2014)以高速公路隧道健康状态定量诊断和隧道衬砌结构劣化趋势预警为模板，建立高速公路隧道健康诊断指标体系，量化隧道健康状态诊断指标，采用模糊层次评价法确定各诊断指标权重，建立隧道健康状况诊断标准及预警等级划分原则；长安大学王亚琼(2014)针对目前公路隧道健康评价指标权重确定、评价理论等方面的不足，对评价指标体系、指标判定标准及其无量纲化、指标权重的确定方法、隧道衬砌结构健康评价理论进行了深入研究。根据评价指标选取原则，详细分析了公路隧道衬砌结构破坏形态及其健康影响因素，建立了公路隧道衬砌结构健康状况评价体系；南京大学孙可、张巍(2014)针对盾构隧道健康监测，提出了一类专用模糊层次分析综合评价模型，新建了健康监测数据的6层指标评价体系，构建了模糊综合算子，实现了隧道全线健康状态的分级模糊综合评价；武汉理工大学王頔(2016)也提出在建立多层次隧道总体风险指标体系基础上，采用数组形式进行权重和隶属度的模糊评判规则，依据简单多数原则分别计算权重和隶属度的模糊评判效度，并计入模糊评判效度对风险评价结果的影响；大连大学金煜皓、王桂萱(2016)针对隧道模糊层次综合评判方法计算的复杂性，使用 MATLAB 计算权重与模糊关系矩阵，并将两者综合得到模糊综合评判矩阵。对该方法全过程进行程序化，以便工程应用；2015 年，我国最新修订的《公路隧道养护技术规范》(JTG H12—2015)重点引入了“分层综合评定与隧道单项控制指标相结合”的方法，先对隧道各检测项目进行评定，然后对隧道土建结构、机电设施和其他设施分别进行评定，最后进行隧道总体技术状况评定，并按评定等级分为 5 类；长安大学赖金星(2017)为石梯沟隧道建立了结构健康综合评价体系，评价了石梯沟隧道的实际运营状态，对隧道渗漏水、衬砌混凝土开裂和衬砌孔洞等情况采用现代监测技术进行分析，得出结构缺陷的分布特征、发育规律和损伤等级。研究成果可为现有多隧道工程提供健康评价参考。

云理论及网络理论近年来也被用于隧道健康状态安全性评价中，华中科技大学吴贤国(2016)选取19个因素作为评价指标，并进行了云模型连续型影响因素属性离散化，得到运营隧道风险评价因子云模型分级标准，根据风险因子的不确定性，建立运营隧道健康安全评价云模型；随后，该课题组(2017)讨论不确定性信息的随机性和模糊性，提出关于二维及多维云推理的安全风险等级评价方法；中南大学傅鹤林、黄震(2017)针对隧道健康状态诊断系统的模糊性和随机性，提出基于云理论的隧道健康状态诊断方法，建立反映隧道健康状况等级评语集的正态云模型，并依据逆向云发生器原理，将隧道健康状态指标数据的归一化结果值转化为隶属度云模型，将健康状态指标重要性语言值转化为权重云，用于表征健康状态指标的重要程度。北京交通大学周进、徐维祥(2017)运用事故因果网络建模方法建立铁路隧道事故风险模型，基于网络理论，并利用数据挖掘技术，提出一种新的风险挖掘方法，设计了一种改进的 Apriori 算法，可有效挖掘隧道结构与隧道风险的相关性。该方法不仅能定量评估风险结果，而且能揭示关键缺陷和风险，是风险理论与隧道安全评估的有效结合。

### 9.2.2 隧道健康监测系统的开发

隧道健康监测理论及方法的不断完善以及信息技术的快速发展，促使各类健康监测软件应运而生，并广泛应用于公路及铁路隧道健康监测管理中。国外成熟的系统平台主要如下：

日本国铁1989年开发了 TIMES-1(Tunnel Inspection and Maintenance Expert System-1)，用于查找隧道劣化原因，并在日本国内高速铁路隧道上加以应用，取得了满意的经济技术效果；2011年由美国 Gannett Fleming 国联邦公路署和联邦交通署联合开发了 TMS(Tunnel Management System)，实现对公路隧道健康诊断等级的判定，但对定量化判定方法应用欠缺，对隧道健康只能做定性判定，无法进行定量判定；韩国在高速铁路隧道(HSR)中安装了长期健康监控量测系统，对隧道内部衬砌形变、喷射混凝土应力、地下水水位等问题进行实时监测或周期性监测，可判断隧道的损伤部位；荷兰于2000年对 Botlek 铁路盾构隧道施工过程进行了盾构、衬砌结构特性以及隧道动力现状等几个方面的健康量测，并根据采集的数据用以指导施工。

在国内，同济大学刘正根、黄宏伟(2008)首次采用由静力水准仪、直线位移计、应变计、钢筋腐蚀传感器等组成的沉管隧道健康监测系统，对沉管隧道进行了实时监测，并进行动态结构分析、安全评定及预警；北京交通大学刘胜春、张顶立(2011)研究了大型盾构隧道健康监测系统的设计方法，并根据南京长江公路隧道建设条件复杂的工程特点和长期运营安全监测的需要，采用以光纤传感测试技术为主的长效监测技术实现了长期监测；西南交通大学汪波(2012)在苍岭特长公路隧道中，初步建立了一套 TSHMS 系统，系统引入了模糊综合评价手段，能够实现隧道健康评价与预警；大连交通大学王洪德(2013)基于长大隧道健康状况评估体系，给出量化标准，并结合隧道衬砌结构特点，采用智能传感、信息融合、故障诊断技术，构建集监测、诊断、评估于一体的长大隧道健康状况远程监测诊断装备系统，研究了系统软硬件设施及其布设技术；福州大学杨健、沈斐敏(2014)构建了隧道健康监测信息化系统框架，并采用光纤光栅技术进行数据采集，实现了隧道安全信息化监测预警系统；中国科学院武汉岩土力学所李明、陈卫忠(2015)引入功效系数法完成健康监测系统中多个传感器监测数据的加权综合，实现隧道稳定性实时评价和预警，结合健康监测系统特点，提出利用同一时刻传感器监测数据支持度来确定预警指标体系的方法，解决了功效系数法中指标体系选取困难的问题。随后，该课题组(2016)又提出利用小波降噪和最小二乘法结合进行监测数据预测，实践表明，预测结果准确可靠；哈尔滨工业大学董永康课题组(2015、2017)研制了高性能分布式布里渊光纤传感器，可以实现隧道空间的连续测量，具有测量距离长、定位精度高等特点；长安大学赖金星(2016)将光纤布拉格光栅传感技术应用到隧道健康监测系统中，通过对衬砌混凝土的实时应变和内力的分析，计算了衬砌断面的安全系数，评估了隧道安全性；同济大学李晓军(2017)提出了盾构隧道健康监测系统组成，详细介绍了各个子系统的内容与设计方法，讨论了监测位置选取和数据综合集成，结构可视化，结构健康评价方法以及与维护养护关系等关键问题。

BIM 技术的不断成熟，极大地推动了建筑行业发展，涉及建筑设计、施工、运维管理的各个方面，有效提高了建筑工程管理的效率，减少了工程设计、施工等各阶段的沟通壁垒。2016 年底中国正式发布《建筑信息模型应用统一标准》(GB/T 51212—2016)，标志着 BIM 技术在工程中的应用趋于统一。在此基础上，国内外学者也相继探索 BIM 与结构监测结合点，沈阳建筑大学孙丽(2017)对基于 BIM 平台的结构健康监测系统集成方法进行了研究，该方法依托 BIM 平台信息整合能力，在 BIM 模型中实现实时监测数据的可视化表达以及建筑物在设计、施工、运营维护各个阶段监测信息互通，并配套其他系统模块实现超限预警、构件剩余寿命预测等功能；宁波大学王欢(2017)针对传统桥梁施工及运维管理中存在的构件施工信息分散缺失，桥梁监测结果不直观，运维信息未实现集成管理等问题，提出了基于 BIM 的运维管理理论，在基于 Web 的应用框架研究基础上，将项目运维节点数据进行有效整合，开发了基于 Web 的运维管理系统。实践证明，基于 BIM 管理模式下的桥梁运维，基本实现了统一规范的运维实施流程，有效地解决了负责运维数据管理及应用；项目申请者也针对目前大跨度钢结构健康监测的实时性与可视化水平不高，安全隐患的位置信息无法快速定位，以及单指标预警不准确等问题，构建基于 BIM 的大跨度钢结构实时感知预警系统，并阐述了实时感知预警系统开发和工作流程，能够实现大跨度钢结构安全状态的可视化及实时感知预警。

### 9.2.3 存在的主要问题

综上所述，针对隧道安全性评价方法研究及健康监测系统开发，国内外学者已经取得了许多重要的成果。但是，现阶段研究与应用主要集中在高速公路及铁路隧道，具体到我国油气管道隧道健康监测理论的研究仍然存在以下两方面问题：

(1) 监测内容及安全性评价方法尚未完善

截至目前，针对油气管道隧道安全性评价内容及方法尚未颁布统一技术规范，研究文献也近乎空白。油气管道隧道与公路及铁路隧道在断面大小、断面形式、支护方法及渗漏水要求上有很大区别，所采用的模糊评价指标体系以及评价算子也会有差别。工程人员在制定健康监测方案时缺少规范及文献依据，导致对监测方案的考虑欠妥。在进行安全性评价时，也主要以工程经验为评判标准，结果随机性大、可操作性不强。

(2)监测数据及预警信息不够动态化和集成化

由于油气管道隧道断面狭小、位置偏僻等因素制约，油气管道隧道健康监测系统所采集的数据主要来源于预先埋设的各类传感器，并且监测数据具有多源性和多态性的特性。能否实时或近实时对这些监测数据进行有效地动态数据处理，是目前油气管道隧道施工及运营阶段存在的首要问题。目前国内工程上油气管道隧道健康监测仍采用人工巡检采样，对油气管道隧道健康监测系统应用较少，而人工巡检形成的报表数据均是离散的、碎片化的数据，这种方式不能满足多源异构数据动态和集成化的需求，容易导致分析结果缺乏权威性、科学性，最终使管理者的决策缺乏可靠性。

为了实现油气管道隧道动态健康监测与智能安全诊断，防止隧道劣化发生、延长隧道运营时间，综合运用BIM技术、健康监测技术完成施工及运营期间集成通信与可视化动态三维监管、结构健康监测及智能预警，最终实现全过程的监测信息分享，使隧道劣化趋势降到最低，对于延长隧道运营时间和提高施工、运营安全具有重要意义。

## 9.3 隧道工程BIM应用思路

隧道围岩量测作为新奥法施工的核心，对评价隧道施工方法的可行性、设计参数的合理性及确定隧道二次衬砌的施作时间具有决定性意义，也是保障隧道工程施工安全的关键。相比于以往施工的单线和双线铁路隧道，高铁隧道的跨度更大、高度更高，开挖后，隧道周边围岩出现更大范围的塑性化和更大的变形，隧道拱顶更不稳定，拱顶围岩存在拉应力区，拱顶岩块崩塌的可能性更大。对地质情况的预报和沉降数据的监测是实现安全施工，防止事故发生的一项重要内容。围岩量测技术的逐步完善在一定程度上保障了我国隧道结构施工期间的安全性，基于BIM技术的围岩量测系统开发也是实现和完善隧道健康监测系统的重要一步。我国现阶段隧道项目海量的监测数据主要基于人工量测和纸质记录，通过对不同数据线性回归分析、函数拟合等手段，获得位移、应力变化曲线，从而判断监测数据随着时间发展的趋势，得到隧道各指标的评价值，形成周报表或月报表并由管理人员审核。海量的围岩监测数据(包括应力监测、洞顶下沉监测、周边位移监测、地表沉降监测等)，加上其多源性、多态性的特性，使隧道监测数据成为大数据，从数据分析及管理角度来看，这些分散的结构化、半结构化、非结构化的监测数据，蕴藏着大量的信息。目前国内工程上结构监测形成的报表数据均是离散的、碎片化的数据，这种方式不能满足多源异构数据动态和智能的需求，容易导致分析结果缺乏权威性、科学性，最终使管理者的决策缺乏可靠性。

### 9.3.1 面向对象的隧道工程BIM建模

隧道工程呈带状分布，工程内容和属性与民用建筑工程截然不同。横断面形状与所处地层的地质、水文等密切相关，如果采用传统三维建模，需要先完成一个尺寸隧道横截面绘制，再以该模型为基础进行复制、修改、拉伸等操作逐一创建其他尺寸横断面，操作较为烦琐，因此应用建筑信息模型时，建筑编码分类和族库需要重新定义和建立。本文以 BIM 核心建模软件 REVIT 为基础，基于 IFC 标准，完成平台框架搭建，采用面向对象技术，进行隧道监测模型建立。通过建立相应的接口文件及数据转换标准，利用无线传输技术实现现场监测信息与 BIM 模型的无缝对接，根据特定规则与数据库相关联；通过底层数据库，实现 BIM 隧道模型、BIM 数据模型和分析模型在不同阶段、不同参与方之间的动态传递和共享；依据项目管理的需求不同、目标不同，对信息管理框架进行适当扩展或改变。

根据隧道结构设计及施工方法和工序，利用 Revit 自带的族工具，采用面向对象的隧道工程建模方式，即将隧道工程常涉及的结构部位提取出来，形成固定形式的构件族，通过输入不同参数，能够快速建立这些构件对象，并赋予它们工程属性，最后通过组装构件形成模型。面向对象的隧道工程建模是实现隧道信息化管理的基础。针对隧道带状分布的特点，隧道族库主要采用基于线的公制常规模型进行建立。以某隧道工程为例，隧道为复合式衬砌隧道，构件对象可划分为洞口工程、支护、衬砌、防水和排水四类，构件命名规则为“构件类别-构件类型-围岩类别-衬砌类型”。图 9.3.1 给出了一个参数化的隧道初期支护喷射混凝土族，具体命名为“初期支护-喷射混凝土-Ⅴa”。图 9.3.2 给出了参数化建模后的保康高铁隧道模型，根据施工模板的模筑长度，将构件单元划分为 12m 一段。

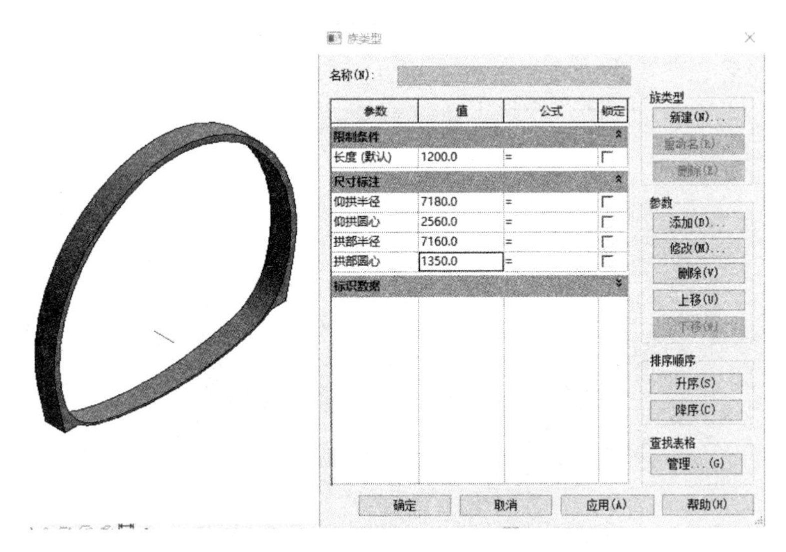

图 9.3.1　隧道初支族库

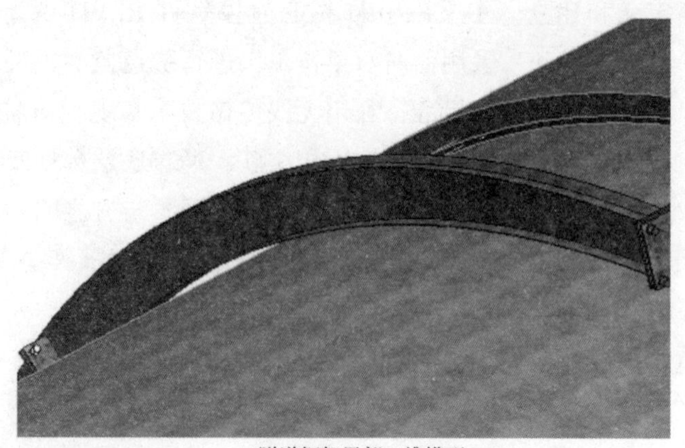

(a)隧道钢架局部三维模型

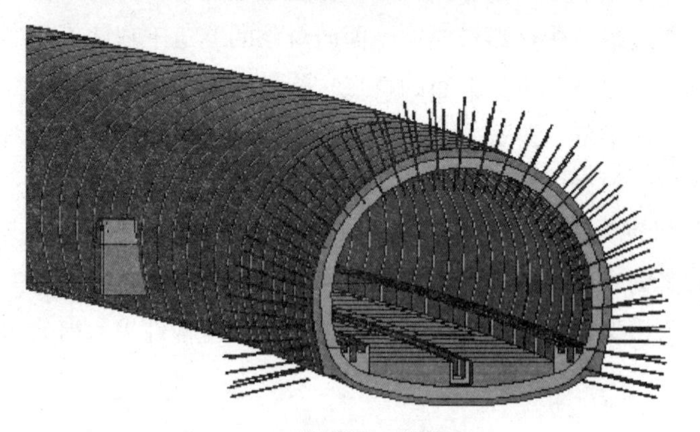

(b)隧道整体三维模型

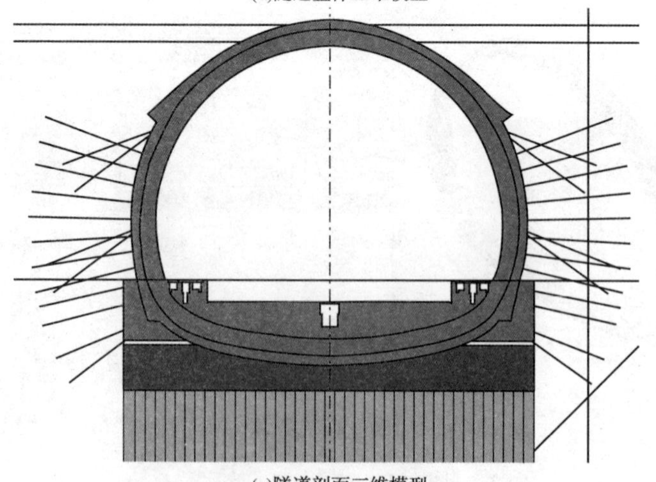

(c)隧道剖面三维模型

图 9.3.2　隧道三维模型

### 9.3.2 基于BIM的隧道围岩监测预警系统

（1）需求分析

动态监测过程会获取海量的监测数据，依照监测数据的来源、数据要求，建立一套完整的数据存储标准，可以有效管理不同来源的基础数据，并防止数据泄露及丢失等。该数据库应具备进行数据存储空间动态扩展的能力，支持对在线数据进行重分布，而且支持认为错误的容错能力，能在发生人为数据操作处理错误后，进行自助错误更正，并分析出对数据库的操作命令，以及将数据库进行准确修复的技术。

基于BIM的隧道围岩监测预警系统主要用于隧道模型的录入、隧道模型与监测数据库的实时链接、监测数据拟合分析、数据超限预警等，同时应具有对历史监测数据的存储管理，具体可以实现下列功能：

① 监测对象模型的快速导入、查看及编辑：监测模型是远程实际模型的三维显示。针对隧道三维模型及施工阶段模型，应实现面向对象隧道三维模型的快速导入、查看以及编辑。

② 监测断面的快速创建及查看：为了实现与远程实际监测状态的一致性，需要在三维模型上快速输入里程号，创建监测断面，并选择与施工现场一致的围岩量测方法。

③ 可视化监测信息实时展示与断面定位：实现BIM模型监测点与现场监测点数据的实时显示。通过无线网络传输或手动导入两种方式，将现场海量围岩监测数据存储至数据库平台，并实现数据的多维、动态显示。同时，围岩监测过程产生的海量数据能够快速查看与断面定位。

④ 监测数据自动拟合分析及预警：系统应根据拟合曲线进行周边收敛回归分析，实现动态预警功能，当某监测点数据超过监测阈值时，系统应该高亮显示监测点位置，并将相关信息以短信、邮件的形式发送给相关负责人。

⑤ 系统输出功能：系统应能输出标准的IFC格式文件，也应实现检测报告的快速输出功能，阶段性地对监测状况进行监控报告。

（2）系统架构设计

以BIM核心建模软件REVIT为基础，基于IFC标准，完成平台框架搭建，采用面向对象技术，进行隧道监测模型建立。考虑到隧道健康监测项目数据量大、数据复杂、数据交互量大，本项目采用大型关系数据库ORACLE进行数据管理。数据库系统的核心部分由原始数据库、规范数据库和评价结果数据库3个子库组成。通过数据库总体设计，数据采集、数据输入、规范数据、与模型结合和成果输出阶段完成数据库建立。通过建立相应的接口文件及数据转换标准，利用无线传输技术实现现场监测信息与BIM模型的无缝对接，根据特定规则与数据库相关联；通过底层数据库，实现BIM隧道模型、BIM数据模型和分析模型在不同阶段、不同参与方之间的动态传递和共享；依据项目管理的需求不同、目标不同，对信息管理框架进行适当扩展或改变。

在数据模型、分析模型及各类接口数据的基础上，将油气管道隧道安全性评价方法抽象为系统语言表达，集成开发智能诊断预警模块。在项目健康监测信息管理框架搭建的基础上，开发设计用户界面，形成一套基于BIM的油气管道隧道动态健康监测及智能安全诊断平台，解决安全性评价中的系统性问题和实时评价技术问题，从而提高安全性评价的可操作性、可持续性和可推广性，实现油气管道隧道施工及运营期间结构性能指标的动态、可视化监测，全面快速评估及智能化预警。

具体系统架构见图9.3.3。应用层主要完成系统的功能实现，包括断面管理、监测管理、数据管理及多媒体管理；平台层主要对原有Revit软件进行功能扩展，实现监测预警插件管理；数据层主要用于分类及存储实时及历史数据并实现监测数据的访问管理；采集层主要用于实时传输施工现场监测数据。

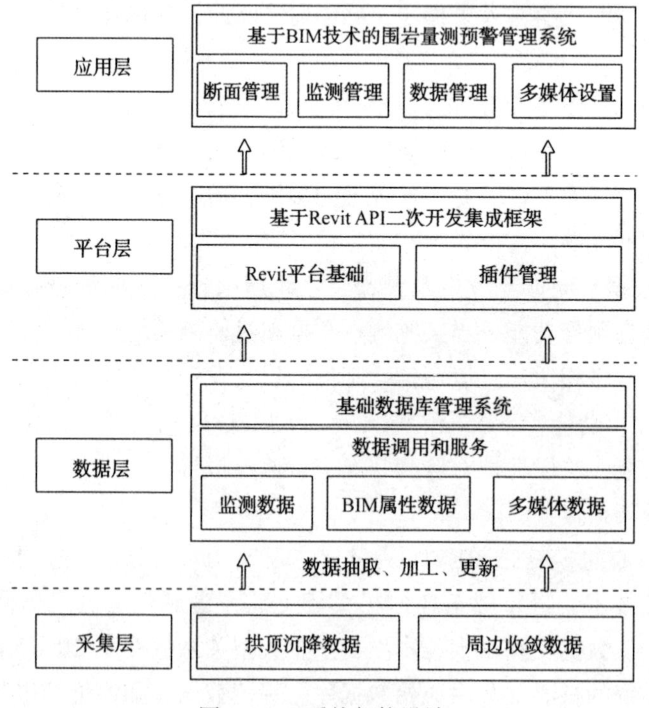


图9.3.3　系统架构设计

## 9.3.3 系统功能模块

依据需求分析及系统架构设计，高速铁路隧道工程BIM围岩监测预警系统包括断面管理模块、监测管理模块、数据管理模块和多媒体模块四个模块。功能模块设计如图9.3.4所示，系统功能菜单界面如图9.3.5所示。主要功能如下：

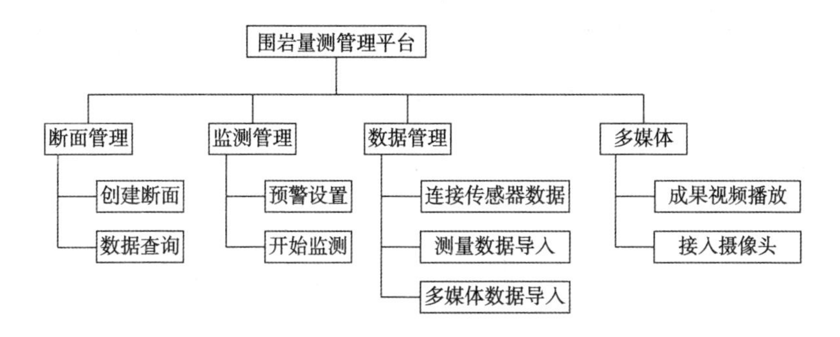


图9.3.4 主要功能模块设计

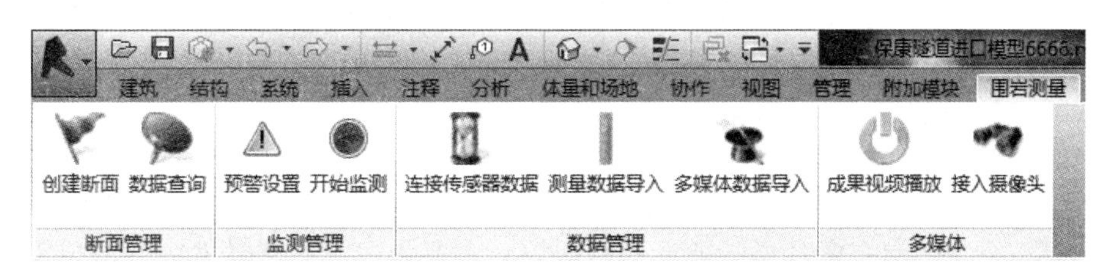


图9.3.5 系统功能菜单界面

① 断面管理模块

断面管理模块主要实现创建断面、数据查询功能。创建断面主要根据现场实际监测点里程号新建断面，并选择相应监测方法，实现模型监测位置与现场监测位置的一致性；数据查询功能主要实现根据断面里程号查询实时数据。

② 监测管理模块

监测管理模块是整个监测系统的核心功能，主要包括围岩测量预警值设置和监测状态管理。模块中对监测参数设置阈值，监测数据如果出现超阈值的情况则发出预警信号，本系统根据《铁路隧道监控量测技术规程》(Q/CR 9218—2015)要求，按照结构状态制定三级预警制度。预警等级和判断标准见表9.3.1。监测状态主要反映数据是否正常通信，断面监测是否发出预警，并可通过此模块查看历史监测数据，并通过对历史监测数据进行拟合，做出回归曲线，对未来数据进行预测。

表 9.3.1 监控预警等级

| 管理等级 | 管理位移/mm | 施工状态 |
| --- | --- | --- |
| Ⅲ | $U<U_0/3$ | 可正常施工 |
| Ⅱ | $U_0/3 \leqslant U \leqslant 2U_0/3$ | 应加强支护 |
| Ⅰ | $U>2U_0/3$ | 应采用特殊措施 |

③ 数据管理模块

数据管理模块主要实现监测数据、模型数据、多媒体数据及文档资料的管理。

④ 多媒体模块

多媒体设置模块主要针对现场的视频、语音及文档资料进行管理，并根据实际应用需要，接入现场的实时监控视频画面的相关信息等。

## 9.4 隧道工程 BIM 应用实例

### 9.4.1 工程概况

某隧道位于湖北省襄阳市保康县，总长 49km。隧址区处于荆山山脉北段，主山体呈北西 ~南东向延展，地形切割较深、峰谷相间，保康隧道为Ⅱ级风险隧道，隧道全长 14570m，洞内坡度为单面上坡，最大坡度 2.5%。隧道的围岩量测主要包括洞内、外观察，拱顶下沉及周边收敛观测。其中拱顶下沉采用精密水准仪完成，周边收敛观测采用 JSS30A 隧道收敛计完成，测试精度 1mm。用全站仪确保将所有测点布置与同一直线上。

以 Revit 为支撑平台，结合数据库技术，运用 $C^{\#}$语言开发保康隧道围岩测量预警监测系统，将基于 BIM 技术的围岩监测预警系统用于高铁隧道——郑万高铁保康隧道的施工及监测全过程，可以实现模型的快速建立、围岩测量断面及监测管理、数据的实时显示及快速预警等功能。具体监测流程及监测内容如图 9.4.1 所示。

### 9.4.2 系统主界面展示

如图 9.4.2 所示，双击登录保康隧道围岩监测预警系统。此处可以选择登录用户类型，管理员可进行用户管理操作。打开软件之后我们看到的界面是“最近使用的文件”界面。这里我们可以打开新建项目和族。

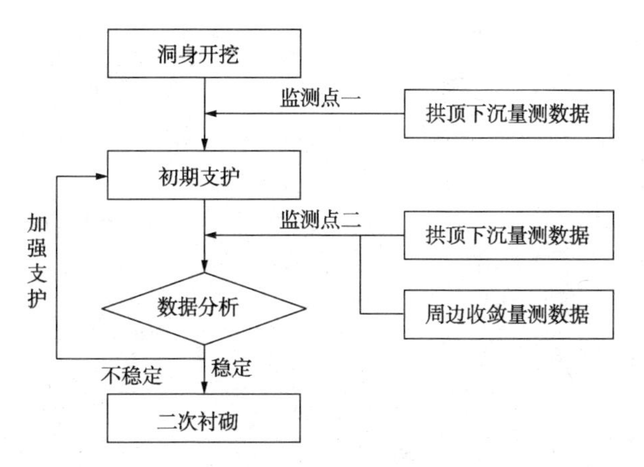


图 9.4.1　围岩量测预警系统监测流程及内容

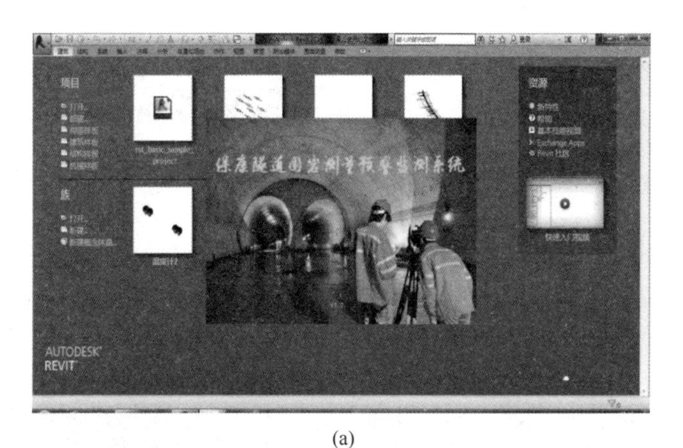


(a)

(b)

图 9.4.2　系统登录界面

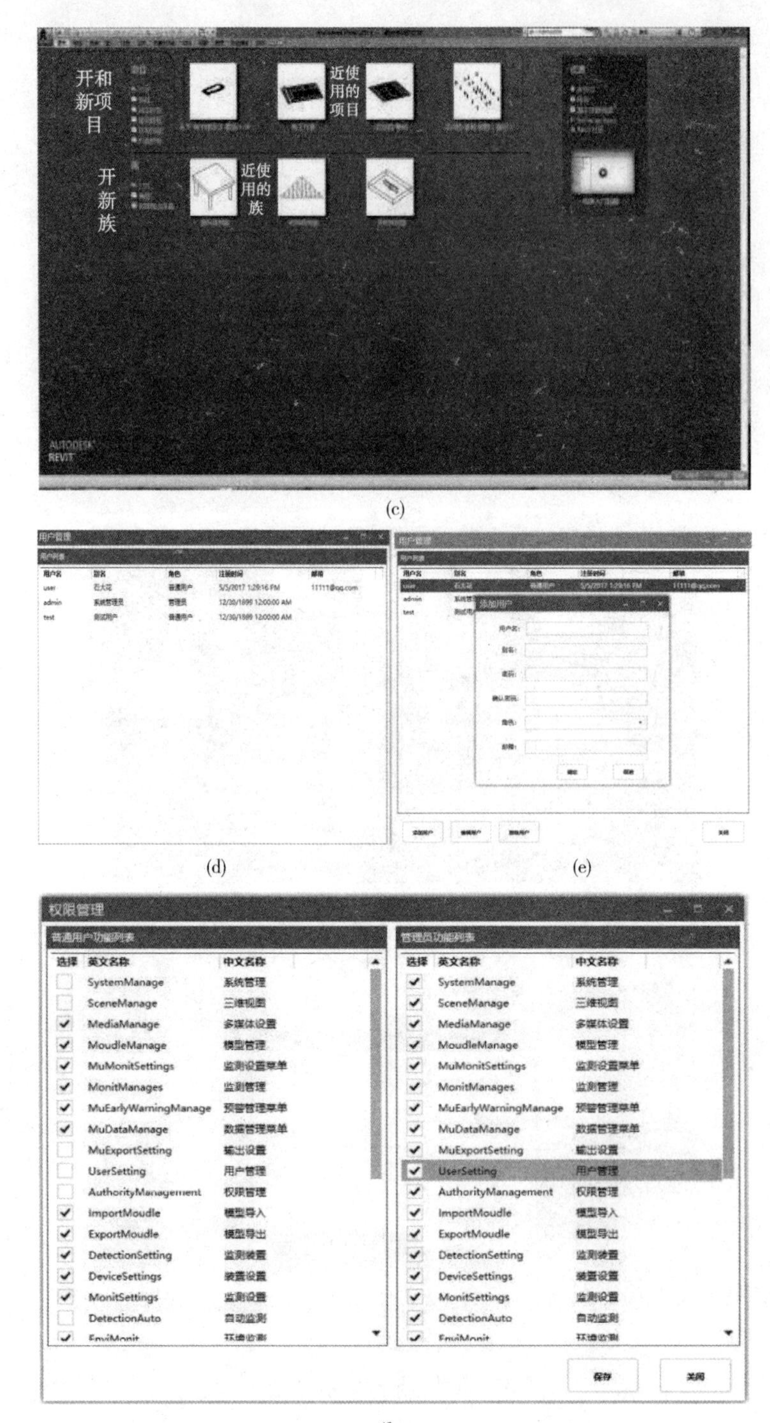


(c)

(d) (e)

(f)

图 9.4.2 系统登录界面(续)

系统的主界面展示如图 9.4.3，主要包括三部分：功能界面、项目浏览及属性界面及模型界面。点击用户界面可对快捷操作、活动主题、双击选项等进行个人偏好设置。点击图形，点击反转背景色可根据个人喜好调整绘图区域背景色(黑、白)。点击文件位置，在窗口内可对项目文件默认保存路径、族样板文件路径、云根路径设置。

图 9.4.3　系统主界面

在 Revit 平台上建立好隧道工程模型后，点击新建断面，可输入断面名称、测点里程并根据实际情况选择围岩量测方法，本系统依据《铁路隧道监控量测技术规程》(Q/CR 9218—2015)，共提供了三种围岩量测方法，包括全断面法、台阶法和分布开挖法。此断面与实测断面位置保持一致，如图 9.4.4 所示。

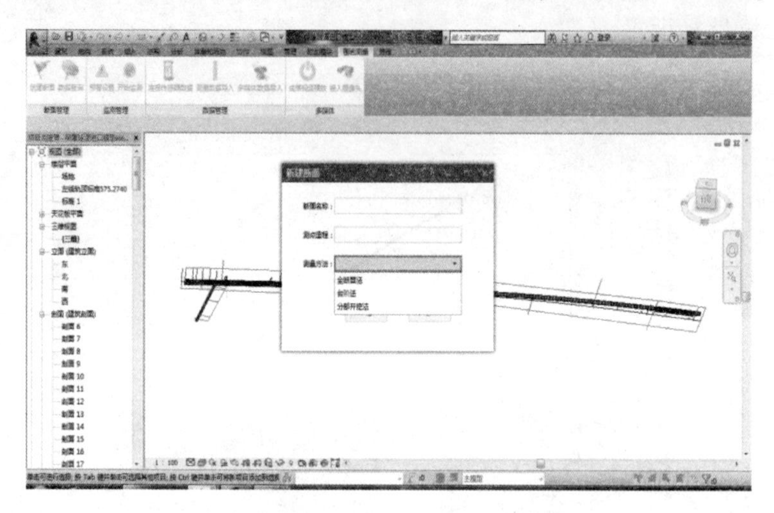


图 9.4.4　新建断面

新建断面后，可以进行监测管理。根据工程情况可选择自动获取围岩测量信息(图 9.4.5)和手动获取围岩测量信息(图 9.4.6)两种方式。开始监测后，可以在监测面板中查看断面监测状态是否正常，跟踪沉降及收敛详情，并根据里程号，实现断面的快速定位等功能(图 9.4.7)。

DK338+160　DK338+220

测量里程 DK338+ 160

隧道收敛监控量测数据 隧道拱顶沉降监控量测数据

工程名称：新圆梁山进口　施工单位：　观测日期：2017-05-10　观测时间：18时　温度：25℃

| 测量里程 | 测点编号 | 观测值(m) | | | 计算值(m) | 相对初次收敛值(mm) | 相对上次收敛值(mm) | 时间间隔(h) | 收敛速度mm/d | 备注(与掌子面距离(m)) |
|---|---|---|---|---|---|---|---|---|---|---|
| | | X | Y | H | L | | | | | |
| DK338+160.000 | S1-1 | 3227870.6704 | 430854.5158 | 551.2063 | 5.6095 | 1 | 0 | 48 | 0 | 90 |
| | S1-2 | 3227869.0176 | 430849.1560 | 551.1199 | | | | | | |

图 9.4.5　系统自动抓取围岩量测数据

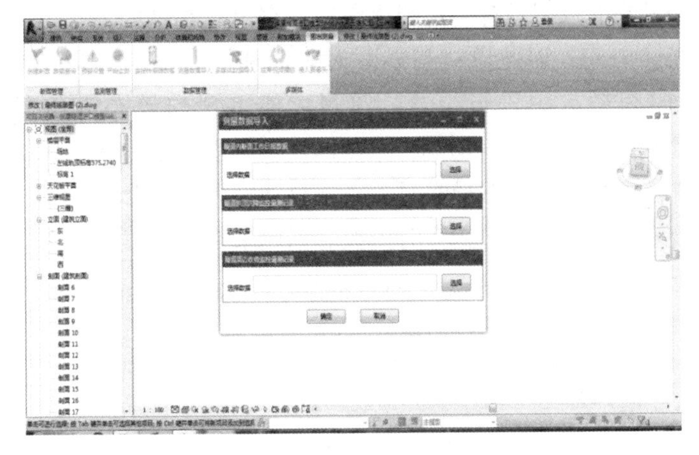

图 9.4.6　手动导入围岩量测数据

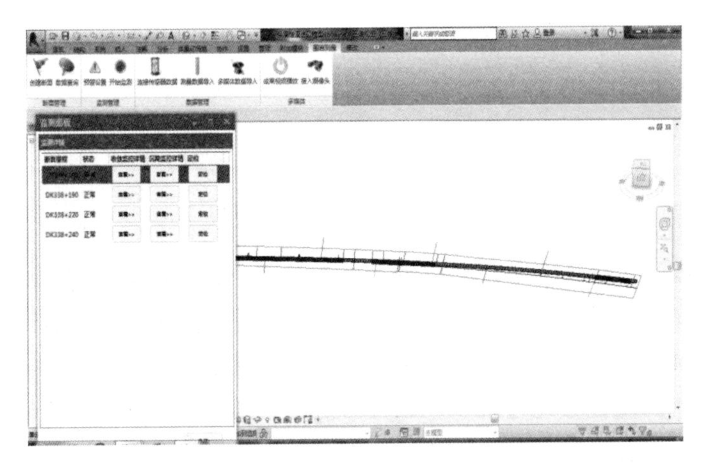

图 9.4.7　断面监测状态及定位

该系统在运用数字技术进行信息收集的基础上，对施工现场的历史监测数据进行统一管理，并绘制量测数据位移-时间散点图，可实时查看某监测点拱顶下沉及周边收敛监控历史数据(图 9.4.8)。

拱顶沉降监控量测记录　拱顶下沉回归分析

| 项目名称 | | 项目名称 | | | 施工单位 | | | 围岩级别 | III | | 断面里程 | DK338+160.000 | |
|---|---|---|---|---|---|---|---|---|---|---|---|---|---|
| 建立日期 | | 2017-04-30 | | | 施工方法 | 全断面法 | | 观测方法 | 高精度全站仪观测 | | 测点编号 | A | |
| 序号 | 测量时间 | 实测温度 | 时间间隔 | 距初测时间 | 测点标高（m） | | | 平均值（m） | 相对上次下沉量 | 相对初次下沉量 | 下沉速率 | 距离掌子面的距离(m) | 管理等级 |
| | 年月日　时分 | （℃） | （h） | （d） | 第一次 | 第二次 | 第三次 | | （mm） | （mm） | （mm/d） | | |
| 1 | 2017/5/1 10:47 | 25 | 24.0 | 1.0 | 556.0162 | | | 556.0162 | 0.2 | .2 | 0.20 | 30 | III |
| 2 | 2017/5/2 10:52 | 25 | 24.0 | 2.0 | 556.0161 | | | 556.0161 | 0.1 | .3 | 0.10 | 40 | III |
| 3 | 2017/5/3 15:28 | 25 | 28.0 | 3.2 | 556.0158 | | | 556.0158 | 0.3 | .6 | 0.26 | 50 | III |
| 4 | 2017/5/4 15:34 | 25 | 24.0 | 4.2 | 556.0158 | | | 556.0158 | 0.0 | .6 | 0.00 | 60 | III |
| 5 | 2017/5/6 15:38 | 25 | 48.0 | 6.2 | 556.0156 | | | 556.0156 | 0.2 | .8 | 0.10 | 70 | III |
| 6 | 2017/5/8 18:14 | 25 | 50.0 | 8.3 | 556.0155 | | | 556.0155 | 0.1 | .9 | 0.05 | 80 | III |
| 7 | 2017/5/10 18:18 | 25 | 48.0 | 10.3 | 556.0154 | | | 556.0154 | 0.1 | 1 | 0.05 | 90 | III |

图 9.4.8　拱顶下沉监测历史数据

由于现场量测的数据具有一定的离散性，它包含着偶然误差的影响，要经过数学处理才能够应用，因此应对初期的时态曲线进行回归分析，即用曲线 $u=f(t)$ 对位移－时间散点图进行拟合，预测可能出现的最大值和变化速度（图9.4.9），在此基础上设置预警功能，用以同变形临界值相比较，判断隧道围岩变形是否在允许范围内。当数据异常时，系统自动报警。建设单位和监理单位也可通过互联网技术对现场情况进行实时监控。据此来判断隧道围岩的稳定性。

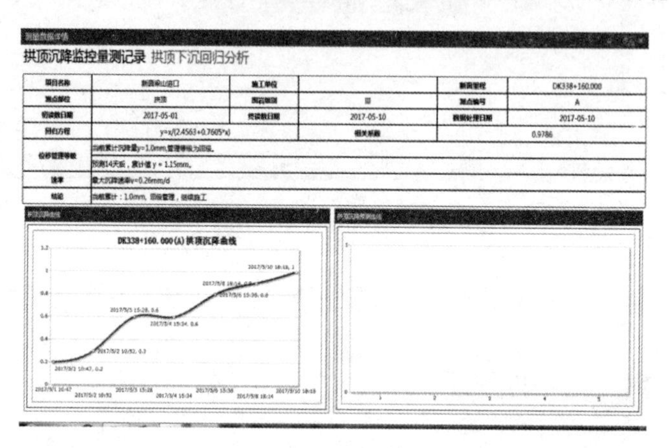


图 9.4.9　拱顶下沉回归分析

针对隧道工程自身特点，采用面向对象的建模方法，利用 Revit 软件自带的族工具，开发了面向对象的隧道工程 BIM 模型构件库，实现了隧道模型的快速绘制。结合 BIM 技术应用优势，在 BIM 三维可视化平台上开发围岩监测预警系统，将 BIM 模型与监测数据进行关联，原有的监测数据实现了三维可视化，并通过回归分析、预警推送功能，实现了数据的实时共享与及时预测。并将其应用于保康高铁隧道施工过程围岩量测中，提高了隧道工程信息化、动态化的管理水平。

# 参 考 文 献


[1] 张成方，李超．BIM 软件及理念在工程应用方面的现状综述与分析[J]．信息技术，2013，19(2)：82.

[2] 马智亮．我国建筑施工行业 BIM 技术应用的现状、问题及对策[J]．中国勘察设计，2013，(11)：39-42.

[3] 深圳市勘察设计行业协会．深圳市工程设计行业 BIM 应用发展指引[M]．天津：天津科学技术出版社，2013：5.

[4] 黄强．勘察设计和施工 BIM 技术发展对策研究[D]．中国建筑科学研究院，2013，5.

[5] 赵斌．BIM 技术在上海中心项目中的实践[J]．绿色建筑，2015，(4)：23-25.

[6] 刘隽，孟凡贵，尉梦凡等．国家会展中心(天津)项目 BIM 实施管理研究[J]．土木建筑工程信息技术，2014，6(6)：58-63.

[7] The National Building Information Modeling Standard (NBIMS) Committee. The National Building Information Model Standard Part1：Overview Principles and Methodologies，2010.

[8] 中华人民共和国建设部．建筑对象数字化定义：JG/T 198—2007[S]．北京：中国标准出版社，2007.

[9] 中华人民共和国国家质量监督检验检疫总局．中国国家标准化管理委员会．国家标准．工业基础类平台规范：GB/T 25507—2010[S]，北京，中国标准出版社，2010.

[10] 清华大学软件学院 BIM 课题组．中国建筑信息模型标准框架研究[J]．土木建筑工程信息技术，2010，6(2)：1-5.

[11] 张建平，刘强，张弥，等．建设方主导的上海国际金融中心项目 BIM 应用研究[J]．施工技术，2015，44(6)：29-34.

[12] 张剑涛，刁波，唐春风，等．IFC 标准在 PKPM 结构软件中的实现[J]．建筑科学，2006，22(4)：103-106.

[13] 邓雪原，张之勇，刘西拉．基于 IFC 标准的建筑结构模型的自动生成[J]．土木工程学报，2007，40(2)：6-12.

[14] 李犁，邓雪原．基于 IFC 标准 BIM 数据库的构建与应用[J]．四川建筑科学研究，2013，39(3)：296-301.

[15] 刘晴，高涛．基于 BIM 技术的建设项目生命周期信息管理平台设计[J]. 中国工程管理论坛．2012.
[16] 李明瑞，李希胜，沈林．基于 BIM 的建筑信息集成管理系统概念模型[J]. 森林工程，2015，31(1)：143-149.
[17] 张建平，曹铭，张洋．基于 IFC 标准和工程信息模型的建筑施工 4D 管理系统[J]. 工程力学，2005，22(6)：220-227.
[18] 陈念．基于 BLM 的地产项目信息协同系统研究[J]. 价值工程，2012，15，192-195.
[19] 丁士昭．建设工程信息化 BLM 理论与实践丛书[M]. 北京：中国建筑工业出版社，2005.
[20] 马智亮，张东东，马健坤．基于 BIM 的 IPD 协同工作模型与信息利用框架[J]. 同济大学学报(自然科学版)，2014，42(9)：1325-1327.
[21] 徐韫玺，王要武，姚兵．基于 BIM 的建设项目 IPD 协同管理研究[J]. 土木工程学报，2011，44(12)：138-143.
[22] 郭邦军．基于云计算构建 BIM 模型研究综述[J]. 城市建设理论研究，2013，20：1-5.
[23] 何关培．企业 BIM 应用关键点的分析与思考[J]. 工程质量．2015，33(8)：8-12.
[24] 周卫军，张瑶，李月霄，等．监测预警系统在长输管道穿越隧道中的应用[J]. 天然气与石油，2014，32(6)：79-81.
[25] 高亮．国外先进地下工程与隧道健康监测和检测系统介绍[R]. 北京：2010 中国地下工程与隧道国际峰会，2010.
[26] 石韵，韩鹏举，刘军生，等．基于 BIM 模型的结构健康监测管理系统设计与应用[J]. 建筑钢结构进展，2017.
[27] 日本道路协会．公路隧道维持管理便览[M]. 东京：丸善株式会社出版事业部，2000.
[28] 罗鑫，夏才初．隧道病害分级的现状及问题[J]. 地下空间与工程学报，2006，2(5)：877-880.
[29] 孔祥兴，夏才初，仇玉良，等．基于可拓学理论的盾构隧道健康诊断方法[J]. 同济大学学报(自然科学版)，2011，39(11)：1610-1615.
[30] 洪平，刘鹏举．层次分析法在铁路运营隧道健康状态综合评判中的应用[J]. 现代隧道技术，2011，48(1)：28-32.

[31] 李云，吴小萍，廖群立．铁路隧道衬砌健康状况模糊评价研究[J]．铁道工程学报，2010，27(9)：60-63.

[32] 王洪德，高秀鑫．高速公路隧道健康诊断及预警的模糊神经网络方法[J]．中国安全科学学报，2014，24(2)：9-15.

[33] 王亚琼，周绍文，孙铁军，等．基于模糊贴近度的公路隧道健康评价[J]．公路交通科技，2014，31(12)：78-83.

[34] 王亚琼，周绍文，孙铁军，等．基于非对称贴近度的在役隧道衬砌结构健康诊断方法[J]．现代隧道技术，2015，52(2)：52-58.

[35] 孙可，张巍，朱守兵，等．盾构隧道健康监测数据的模糊层次分析综合评价方法[J]．防灾减灾工程学报，2015，35(6)：769-776.

[36] 王頠，黄斌，周强，等．隧道总体风险评价的改进模糊评判方法[J]．地下空间与工程学报，2016，12(2)：531-538.

[37] 金煜皓，王桂萱，赵杰．隧道运营期结构健康评价及 MATLAB 应用研究[J]．地震研究，2016，39(1)：120-125.

[38] JTG H12—2015. 公路隧道养护技术规范[S]．北京：人民交通出版社，2015.

[39] Lai J，Qiu J，Fan H，et al. Structural Safety Assessment of Existing Multiarch Tunnel：A Case Study[J]. Advances in Materials Science and Engineering，2017，2017(5)：1-11.

[40] 吴贤国，吴克宝，沈梅芳，等．基于云模型的运营隧道健康安全评价[J]．中国安全生产科学技术，2016，12(5)：73-79.

[41] 吴贤国，覃亚伟，沈梅芳，等．基于云推理的运营隧道健康安全风险评价研究[J]．中国安全科学学报，2017，27(2)：133-138.

[42] 傅鹤林，黄震，黄宏伟，等．基于云理论的隧道健康诊断方法[J]．北京科技大学学报，2017，39(5)：794-801.

[43] Zhou J，Xu W，Guo X，et al. A hierarchical network modeling method for railway tunnels safety assessment[J]. Physica A Statistical Mechanics & Its Applications，2017，467：226-239.

[44] Hira H，Yoshio M，Akira H. Development of expert system (TIMES-1) for tunnel inspection and diagnosis [S]. Quarterly Report of Railway Technical Research Institute，1989，30(3)：143-148.

[45] Nakamura K，Ohtsu H，Takeuchi A. Development of a tunnel management system

for existing railroad tunnel[J]. Tunnelling & Underground Space Technology Incorporating Trenchless Technology Research, 2006, 21(3): 312-313.

[46] Jun S. Lee, Il-Yoon Choi, Hee-Up Lee, 等. 隧道检测系统及其在韩国高速铁路隧道的应用[J]. 中国铁道科学, 2004, 25(3): 21-26.

[47] Van Oosterhout, G. P. C. Heron. Recent dutch experiences in developing structural monitoring systems for shild driven tunnels. 2003, 1(48): 65-78.

[48] 刘正根, 黄宏伟, 赵永辉, 等. 沉管隧道实时健康监测系统[J]. 地下空间与工程学报, 2008, 4(6): 1110-1115.

[49] 刘胜春, 张顶立, 黄俊, 等. 大型盾构隧道健康监测系统设计研究[J]. 地下空间与工程学报, 2011, 7(4): 741-748.

[50] 汪波, 何川, 吴德兴. 隧道健康监测系统理念及其技术应用[J]. 铁道工程学报, 2012(1): 67-72.

[51] 王洪德, 高秀鑫. 铁路长大隧道健康状况远程监测诊断装备系统研究[J]. 中国安全科学学报, 2013, 23(2): 69.

[52] 杨健, 沈斐敏, 阳富强. 隧道健康监测信息化系统设计与应用[J]. 安全与环境工程, 2014, 21(5): 158-163.

[53] 李明, 陈卫忠, 杨建平, 等. 基于功效系数法的隧道健康监测系统预警研究[J]. 岩土力学, 2015($s_2$): 729-736.

[54] 李明, 陈卫忠, 杨建平. 隧道在线监测数据分析方法研究[J]. 岩土力学, 2016, 37(4): 1208-1216.

[55] 张娟, 李金平, 董永康. 低温长距离分布式布里渊光纤传感系统研究[J]. 中国公路学报, 2015, 28(12): 86-91.

[56] 董永康, 周登望, 滕雷, 等. 布里渊动态光栅原理及其在光纤传感中的应用[J]. 物理学报, 2017, 66(7): 212-224.

[57] Lai J, Qiu J, Fan H, et al. Fiber Bragg Grating Sensors-Based In Situ Monitoring and Safety Assessment of Loess Tunnel[J]. Journal of Sensors, 2016, 2016(16): 1-10.

[58] 李晓军, 洪弼宸, 杨志豪. 盾构隧道健康监测系统设计及若干关键问题的探讨[J]. 现代隧道技术, 2017, 54(1): 17-23.

[59] GB/T 51212—2016. 建筑信息模型应用统一标准[S]. 北京: 中国建筑工业出版社, 2016.

[60] 孙丽, 徐自强, 金峤, 等. 基于 BIM 平台的结构健康监测系统集成方法研

究[J]. 沈阳建筑大学学报(社会科学版), 2017(4): 410-415.
[61] 王欢, 熊峰, 张云, 等. 基于BIM的桥梁运维管理系统研究[J]. 宁波大学学报(理工版), 2017, 30(5): 71-75.
[62] 徐友全, 孔媛媛. BIM在国内应用和推广的影响因素分析[J]. 工程管理学报, 2016, 147(02): 32-36.
[63] 张建新. 建筑信息模型在我国工程设计行业中应用障碍研究[J]. 工程管理学报, 2010, 24(4): 387-392.
[64] 洪伟, 尤完. 企业BIM应用关键点的分析与思考[J]. 工业B: 00100-00100.
[65] 徐茂元. 企业BIM应用关键点的分析与思考探索[J]. 科技创新与应用, 2017(32).
[66] 何关培. 如何让BIM成为生产力[M]. 中国建筑工业出版社, 2015.
[67] 何关培. 建立企业级BIM生产力需要哪些BIM专业应用人才[J]. 土木建筑工程信息技术, 2012(01): 61-64.
[68] 范兴晓. 施工企业的BIM应用研究[D]. 西安建筑科技大学.
[69] 何清华, 张静. 建筑施工企业BIM应用障碍研究[J]. 施工技术, 2012(22): 86-89.
[70] 李勇. 建筑施工企业BIM应用影响因素的研究[D]. 武汉科技大学, 2015.
[71] 郄恩田, 李勇, 熊凯. 基于AHP的建筑施工企业BIM应用影响因素分析[J]. 桂林理工大学学报, 2016, 36(3): 526-532.
[72] 伍冠玲. 灰色综合评价法在建筑工程评标中的应用[J]. 山西建筑, 2008(03): 277-278.
[73] 刘立明. 施工企业BIM的推进策略[J]. 施工企业管理, 2013(12).
[74] 应宇垦. 什么样的职业环境适合BIM人才的发展——对BIM咨询团队与BIM人才的思考[J]. 土木建筑工程信息技术, 2011(03): 41-43.
[75] 甘露. BIM技术在施工项目进度管理中的应用研究[D]. 大连理工大学.
[76] 牛博生. BIM技术在工程项目进度管理中的应用研究[D]. 重庆大学.
[77] 牟茗. 四维建筑信息模型技术研究[D]. 北京林业大学.
[78] 胡振中, 张建平, 张新. 基于四维时空模型的施工现场物理碰撞检测[J]. 清华大学学报(自然科学版), 2010(06): 18-23.
[79] 张建平, 郭杰, 吴大鹏. 基于网络的建筑工程4D施工管理系统[C]. 全国工程建设计算机应用学术会议. 2006.

[80] 张建平. 基于 IFC 的建筑工程 4D 施工管理系统的研究和应用[J]. 中国建设信息化，2010(4)：52-57.
[81] 王腾. 基于利益主体视角的 BIM 应用与推广研究[D]. 西北工业大学.
[82] 陈聪，李亚巍，王志华. 基于 IFC 标准的管片信息模型研究[J]. 土木建筑工程信息技术，2019(3).
[83] 张志伟，何田丰，冯奕. 基于 IFC 标准的水电工程信息模型研究[J]. 水力发电学报，2017(02)：85-93.
[84] 满庆鹏，孙成双. 基于 IFC 标准的建筑施工信息模型[J]. 土木工程学报，2011(S1)：239-243.
[85] 施平望. 基于 IFC 标准的构件库研究[D]. 上海交通大学.
[86] 周洪波，施平望，邓雪原. 基于 IFC 标准的 BIM 构件库研究[J]. 图学学报，2017(4).
[87] 杨智书. 基于 BIM 技术的深化设计应用研究[D]. 广州大学.
[88] 李高锋，郝风田，陈红杰. BIM 技术在配套服务用房项目的深化设计及应用研究[J]. 价值工程，2016，35(30)：108-110.
[89] 刘占省，张韵怡. BIM 技术在冬奥会冰上项目钢结构深化设计中的应用[C]// 第十八届全国现代结构工程学术研讨会.
[90] 仇云峰，胡中华，袁程，et al. BIM 深化设计在重庆复地金融中心项目钢结构工程中的应用[J]. 施工技术，2018，47(S1)：1612-1614.
[91] 陈峰，尚超宏，郝海龙，et al. 重庆万达城展示中心 BIM 管理技术[J]. 施工技术，2017.
[92] 李进. 建筑给排水设计中 BIM 技术的应用探讨[J]. 江西建材，2017(11)：46-46.
[93] 唐铸. 在建筑给排水设计中 BIM 技术的应用[J]. 建筑工程技术与设计，2016(12).
[94] 陈海琪. BIM 技术在建筑给排水设计中的应用——以港珠澳大桥东人工岛主体建筑为例[J]. 中国港湾建设，2018(8)：44-48.
[95] 汪义正，潘斯勇，冯锋. 黄石奥林匹克体育中心钢结构专业化 BIM 技术应用[C]. 第七届全国钢结构工程技术交流会.
[96] 何关培. "BIM"究竟是什么？[J]. 土木建筑工程信息技术，2010，02(3)：111-117.
[97] 刘爽. 建筑信息模型(BIM)技术的应用[J]. 建筑学报，2008(2)：100-101.

[98] 陈彦，戴红军，刘晶，等．建筑信息模型(BIM)在工程项目管理信息系统中的框架研究[J]．施工技术，2008，37(2)：5-8.
[99] 葛文兰．BIM 第二维度：项目不同参与方的 BIM 应用[M]．2011.
[100] 王慧琛．BIM 技术在绿色公共建筑设计中的应用研究[D]．北京工业大学，2014.
[101] 李骁．建筑信息模型(BIM)在绿色建筑中的应用：绿色 BIM 在国内建筑全生命周期应用前景分析[J]．绿色建筑，2012(4)：24-28.